电子 CAD

（第2版）

张兆河　孙立津　主编

电子工业出版社·

Publishing House of Electronics Industry

北京·BEIJING

内 容 简 介

本教材依照中等职业学校电子与信息技术专业教学标准，参照中等职业学校电子类专业相关教学指导意见，结合中华人民共和国工业和信息化部及中华人民共和国人力资源和社会保障部"计算机辅助设计 OSTA（Protel 平台）"国家职业技能鉴定标准，参考行业职业技能鉴定规范编写。

全书共八个单元，包括电路 EDA 入门、工程项目操作基础、工程项目电路原理图操作基础、工程项目电路原理图高级设计、工程项目 PCB 操作基础、工程项目 PCB 高级设计、电路仿真操作、Altium Designer 23 全新领航。内容循序渐进，贯穿电子 CAD 技术教学全过程，有利于提高学生电子信息素养，强化学生信息社会责任，提升学生电子 CAD 技术与技能应用意识。各单元均有"本单元综合教学目标""岗位技能综合职业素质要求""核心素养与课程思政目标"，并在后面有本单元技能重点考核内容小结，安排有多项习题与实训。读者若能熟练掌握本教材中的相关操作，将能够适应日常电子 CAD 工作，并达到生活中的相关电子 CAD 技术应用的要求。

本教材可作为中等职业学校电子与信息技术、电子技术应用等专业的课程教材，也可作为相关行业岗位培训用书，还可作为电子技术工作者的自学参考用书。

图书在版编目（CIP）数据

电子 CAD / 张兆河，孙立津主编. —2 版. —北京：电子工业出版社，2023.10

ISBN 978-7-121-46599-4

Ⅰ. ①电… Ⅱ. ①张… ②孙… Ⅲ. ①印刷电路－计算机辅助设计－AutoCAD 软件－职业教育－教材

Ⅳ. ①TN410.2

中国国家版本馆 CIP 数据核字（2023）第 208788 号

责任编辑：蒲　玥

印　　刷：大厂回族自治县聚鑫印刷有限责任公司

装　　订：大厂回族自治县聚鑫印刷有限责任公司

出版发行：电子工业出版社
　　　　　北京市海淀区万寿路 173 信箱　　　　　邮编：100036

开　　本：880×1230　　1/16　　印张：15.25　　字数：381 千字

版　　次：2016 年 11 月第 1 版
　　　　　2023 年 10 月第 2 版

印　　次：2023 年 10 月第 1 次印刷

定　　价：42.00 元

前　言

本教材以党的二十大精神为指引，认真贯彻习近平新时代中国特色社会主义思想，在职业教育现代化大背景下，紧密结合中等职业教育特点，密切联系中等职业学校电子与信息技术、电子技术应用等专业教学实际，注重对学生技能训练和动手能力的培养，符合中等职业学校学生学习电子 CAD 技术的要求。本教材坚持"以服务为宗旨、以就业为导向"的职业教育办学方针，以全面素质培养为基础，内容力求体现"以学生为主体，以能力为本位，以应用为目的，以就业为导向"的职业教育理念，面向新的教学模式，以满足学生、企业和社会需求。

中等职业学校"电子 CAD"课程是电子与信息技术、电子技术应用等专业的必修课程。本教材是中等职业学校专业课程国家规划教材，内容是依据教育部发布的中等职业学校大类专业有关新要求，依照中等职业学校电子与信息技术专业教学标准，参照中等职业学校电子类专业相关教学指导意见，结合中华人民共和国工业和信息化部及中华人民共和国人力资源和社会保障部"计算机辅助设计 OSTA（Protel 平台）"国家职业技能鉴定标准编写的。

本教材从学与教的实际出发，针对中等职业学校学生学习现状、学习特点及各地区教学软硬件环境的不同，以及职业岗位的需求，努力使内容的深度、广度和适用度符合中等职业学校学生的认知结构、学校的教学条件及学生未来就业的起点。学生在学习过程中，可根据自身情况适当对教材内容进行延伸，以达到开阔视野、强化职业技能的目的。

本教材力图呈现如下特色。

（1）注重课程思政。落实课程思政是国家对所有课程教学的基本要求，本教材将课程思政贯穿教学全过程，帮助教学者将思政元素融入教学，以引导学生树立正确的世界观、人生观、价值观。

（2）落实立德树人根本任务。本教材突显职业教育电子类专业特征，遵循电子 CAD 技术技能人才成长规律和学生身心发展规律，围绕电子 CAD 技术与技能的核心素养培养，在教材结构、教材内容、教学方法、呈现形式、配套资源等方面进行了有益探索，旨在夯实中等职业学校学生电子 CAD 技术基础，提升学生专业综合素质和终身学习能力，提高专业技术技能人才培养质量。

（3）贯穿核心素养。本教材以提高实际操作能力、提高专业理论与实践并重的核心素养为目标，强调动手能力和互动教学，更能引起学生共鸣，有利于逐步增强学生电子信息意识，提高学生电子信息素养，培养学生计算思维。

（4）跟进最新知识，强化专业技能。本教材紧贴"电子 CAD"课程标准要求，横向紧密联系"电子技术基础与技能""单片机技术及应用""计算机辅助设计绘图员 OSTA"等相关课程。本教材以应用广泛的 Protel 平台为基础，最终引入 Altium Designer 23 全新领航内容，并将它作为学习新起点，关注学生未来，符合社会应用要求。

（5）构建合理结构。本教材紧密结合职业教育的特点，借鉴近年来职业教育课程改革和教材建设的成功经验，在内容编排上采用任务引领的设计方式，符合学生心理特征和认知、技能养成规律。本教材加强知识体系联系实际设计环节，突出实际应用，选择贴近生活的工程项目，可增强教学吸引力。

（6）以"做中学、做中教"为教学突破口。本教材编排有"问题导读""知识拓展""知识链接""做中学"等环节，紧扣专业核心素养培养目标，可满足职业岗位综合职业技能需求。

（7）体现"四新四性"。本教材注重电子 CAD 技术领域中的新知识、新技术、新工艺、新设备，具有先进性、趣味性、应用性、实用性。

（8）配备丰富的数字化资源库。本教材配备微课视频、教学幻灯片、电子教案、教材电路原理图及 PCB 文件、课程思政素材库及习题参考答案等，为教师备课、学生学习提供全方位的服务。在网上可以免费下载相关资源，借助网络平台，实现资源共享、学习交流，关注学生的学习能力，促进学生可持续发展，帮助学生树立终身学习的思想。

本教材适合不同层次、不同地区的学生学习使用，有利于提高他们电子 CAD 设计与操作的竞争力。本教材配备了数字化资源库作为教学参考资料，欢迎有需要的读者登录华信教育资源网（www.hxedu.com.cn）免费注册后下载使用。

本教材教学内容的参考学时分配如下。

单元	教学内容	建议学时
一	电路 EDA 入门	12
二	工程项目操作基础	4
三	工程项目电路原理图操作基础	16
四	工程项目电路原理图高级设计	8
五	工程项目 PCB 操作基础	12
六	工程项目 PCB 高级设计	6
七	电路仿真操作	8
八	Altium Designer 23 全新领航	6
总计		72

本教材可作为中等职业学校电子与信息技术、电子技术应用等专业的课程教材，也可作为相关行业岗位培训用书，还可作为电子技术工作者的自学参考用书。

本教材由张兆河、孙立津任主编，在编写过程中参考了相关资料，在此对相关作者表示感谢。限于编者水平，书中难免有不足之处，敬请读者批评指正。

编　者

目　录

微课资源汇总表

微课名称	二维码	位置页码
共射极放大电路 PSpice 仿真		6
爱心彩灯单片机电路仿真		21
常用编辑器		32
个性化设置		44
元器件对齐排列布局操作		61
元器件集群编辑操作		62
爱心彩灯单片机电路多通道设计		101
创建封装库		122
汽车棚门禁 PCB 的覆铜设计		165
电路仿真的基本操作		173
整流电路仿真运行		187
爱心彩灯 PCB 设计		205

思政元素及核心素养阅读材料		习题与实训参考答案	

第一单元　电路 EDA 入门

了解 EDA 概念及其重要发展阶段,熟悉 EDA 工具软件的分类,初步熟悉并掌握 PSpice、Multisim、Proteus 等仿真软件建立电路原理图及进行仿真的操作方法。熟悉各种仿真软件工作环境及原理图库操作。通过对几个典型电路进行仿真,掌握常用元器件具体属性的编辑操作、仿真仪器仪表的运行操作和相关交直流参数分析方法。初步掌握各种仿真软件生成的仿真文件的常规保存操作,能进行自定义设置,养成个性化保存文件的习惯。

岗位技能综合职业素质要求

1. 掌握常见仿真软件启动与退出的操作方法。
2. 熟悉典型电路仿真操作的一般设计过程。
3. 掌握典型电路原理图的建立与编辑方法。
4. 学会典型电路仿真运行、调试的操作方法。
5. 初步掌握数字万用表、示波器等常见虚拟仪器仪表的使用方法。
6. 逐步掌握利用仿真软件所得的相关交直流参数进行电路初步分析的能力。

核心素养与课程思政目标

1. 增强电子技术信息意识,培养分层思维。
2. 增强软件中的英文识别与软件应用能力。
3. 提高仿真电路参数、电子仪器等软件数字化学习能力。
4. 增强单片机类应用的信息意识,提高理实一体化设计与创新能力。
5. 了解中国 EDA 技术的发展情况,增强民族自豪感。
6. 深刻认识 CAD 技术对国家先进制造业的重要性,增强技术创新自信。
7. 强化电子技术信息社会责任。
8. 贯彻党的二十大精神,自觉践行社会主义核心价值观。

项目一　EDA 技术概述

学习目标

（1）了解 EDA 概念及其重要发展阶段。

（2）熟悉 EDA 工具软件的分类。

⬤ 问题导读

什么是 EDA

EDA 是 Electronic Design Automation 的缩写，其含义是电子设计自动化。EDA，是指利用计算机辅助设计（CAD）软件来完成超大规模集成电路（Very Large-Scale Integration，VLSI）的功能设计、综合、验证、物理设计（包括布局、布线、版图、设计规则检查等）等流程的设计方式。在 EDA 出现之前，设计人员必须手工完成典型集成电路的设计、布线等工作，当时所谓的典型集成电路的复杂程度远不及现在。自 20 世纪 70 年代起，随着 CAD、计算机辅助制造（CAM）、计算机辅助测试（CAT）和计算机辅助工程（CAE）等技术的发展，可编程逻辑器件（如 CPLD、FPGA）的应用在 20 世纪 90 年代得到普及，这些器件为数字系统电子产品设计带来了很大的灵活性。可以通过软件编程对这些器件的硬件结构和工作方式进行重构，从而使得硬件的设计可以如同软件设计一样方便快捷。这一切极大地改变了传统的电子产品设计方法、设计过程和设计观念，促进了 EDA 技术的迅速发展。

⬤ 知识拓展

中国 EDA 技术的发展

EDA 技术贯穿集成电路设计及制造全流程，堪称"芯片之母"。当前，中国 EDA 企业发展既受美国禁令的阻碍，又受国际巨头商业策略（价格）等方面的干扰，行业发展非常不易。

2021 年 3 月，国家"十四五"规划将集成电路排在七大科技前沿领域攻关的第 3 位，并明确指出重点攻关集成电路设计工具（EDA）。北京、上海等省市在"十四五"规划中明确指出加大集成电路设计工具的研发力度。与此同时，从国家"十四五"规划和 2035 年远景目标，到地方高端制造业的发展规划，都明确提出要在集成电路设计工具方面有所突破，这为行业发展创造了良好的政策环境。

中国的 EDA 企业正在用有限的资源，通过几年的努力，去完成国外同等水平要花费三四十年才能完成的事情，面临着巨大的挑战与机遇。

⬤ 知识链接

EDA 工具软件分类

EDA 工具软件大致可分为芯片设计辅助软件、可编程芯片辅助设计软件、系统设计辅助软件三大类。

在我国具有广泛影响的系统设计辅助软件和可编程芯片辅助设计软件有 Protel 99SE、Protel DXP 2004、Altium Designer、OrCAD PSpice A/D、Multisim、Proteus、MATLAB、Cadence Allegro 等。从 EDA 行业本身情况来看，国产 EDA 企业虽然在全流程产品上和国外大型企业还有不小差距，但在产品工艺、技术分析等细分领域具有优势，相关功能已接近国际成熟产品，工具功能强大，已经拥有多项 EDA 软件技术、工具和特定领域的设计技术，如北京华大九天科技服务有限公司、杭州广立微电子股份有限公司、上海弗摩电子科技股份有限公司、上海概伦电子股份有限公司等数家具有创新能力的 EDA 企业。

任务一　EDA 技术绪论

读中学

利用 EDA 工具软件，电子设计工程师可以从概念、算法、协议等开始设计电子系统，大量工作可以通过计算机辅助系统完成，并且可以由计算机自动处理完成电子产品从电路设计、性能分析到设计出 IC 版图或 PCB 版图的整个过程。回顾电子设计技术的发展历程，可将 EDA 技术分为三个主要发展应用阶段。

（1）20 世纪 70 年代为 CAD 阶段。这一阶段人们开始用计算机辅助进行 IC 版图编辑和 PCB 布局布线，取代了手工操作，产生了计算机辅助设计的概念。

（2）20 世纪 80 年代为 CAE 阶段。与 CAD 相比，CAE 除了纯粹的电路图形绘制功能，还增加了电路功能设计和结构设计功能，并且两者通过电气连接网络表结合在一起，以实现工程设计，这就是计算机辅助工程的概念。CAE 的主要功能：电路原理图输入、逻辑仿真、电路分析、自动布局布线和 PCB 综合分析。

（3）20 世纪 90 年代为 EDA 阶段。CAD 技术和 CAE 技术虽然取得了巨大成功，但并没有把人们从繁重的电子产品设计工作中彻底解放出来。在整个电路设计过程中，自动化和智能化程度还不算高，各种 EDA 工具软件界面不尽相同，给人们的学习使用带来一定困难，同时软件兼容性较差直接影响设计环节间的衔接。EDA 技术是指以计算机为主要工作平台，融合应用电子技术、计算机技术、信息处理及智能化技术等技术的最新成果，用于进行电子产品的自动设计。EDA 技术就是以计算机为工具，设计者在 EDA 工具软件平台上，用硬件描述语言 VHDL 完成设计文件，然后由计算机自动完成逻辑编译、化简、分割、综合、优化、布局、布线和仿真，直至对特定目标芯片进行适配编译、逻辑映射和编程下载等。

目前，EDA 技术的使用范畴很广，涉及机械、电子、通信、航空航天、化工、矿产、生物、医学、军事等领域。EDA 技术在各大公司、企事业单位和科研教学部门同样拥有广泛的市场。

任务二　EDA 工具软件分类

读中学

1. 电路设计与仿真工具软件

大家可能用面包板、实验板或其他实验设备制作过一些电子产品。有时候，做出来的电子产品会有很多问题，既浪费时间，又浪费电路板、元器件等物料，还使产品开发周期延长，耽误产品上市，从而使产品在市场竞争中失去先动优势。

那么，有没有可能不动用电烙铁焊接调试实验板就能够知道结果呢？答案是有，即先将电路设计与仿真技术的各项实验参数都输入计算机，然后通过计算机编程编写一个虚拟环境中的软件，并且使它能够自动套用相关公式和相关经验参数。

电路设计与仿真工具包括 PSpice、Multisim、MATLAB、SystemView、Proteus、Quartus Ⅱ

等，下面简单介绍其中三款软件。

（1）PSpice。

可以说在同类产品中，PSpice 是功能非常强大的模拟和数字电路混合仿真 EDA 工具软件。目前，PSpice 在国内仍被广泛使用的版本是 PSpice 8.X 和 PSpice 9.X。后来 OrCAD 公司并购了 Microseim 公司，将 PSpice 更名为 OrCAD PSpice A/D。再后来，Cadence 公司收购了 OrCAD 公司，所以现在 OrCAD PSpice A/D（下文简称为 PSpice）是属于 Cadence 公司的产品。

（2）Multisim。

Multisim 是美国国家仪器有限公司（NI）推出的仿真工具，适用于板级的模拟/数字电路板的设计工作。Multisim 包含电路原理图的输入、电路硬件描述语言输入，具有丰富的仿真分析能力，较新的教学版和专业版版本均为 Multisim 14.3，目前国内普遍使用的版本为 Multisim 10。相对于其他 EDA 工具软件，Multisim 具有更加形象直观的人机交互界面，特别是其丰富的仪器仪表库中的仪器仪表与实际仪器仪表完全相同。Multisim 对模数电路的混合仿真功能尤为出众，几乎能够 100%地仿真出真实电路的结果。

（3）Proteus。

Proteus 是英国 Lab Center Electronics 公司推出的 EDA 工具软件。在单片机领域 Proteus 是世界著名的电路仿真软件，目前较常用的版本为 7.8 和 8.X。Proteus 不仅具有其他 EDA 工具软件的仿真功能，还能仿真单片机及外围元器件，易操作而且实用性强。Proteus 特别适合进行单片机教学的教师使用和单片机应用开发领域的专业人员使用，受到致力于单片机开发应用的科技工作者的青睐，毕竟每个单片机产品都进行实际 PCB 制作调试是不可能的。

Proteus 可以仿真 5X 系列、AVR、HC11、PIC 10/12/16/18/24/30、dsPIC 33、ARM、8086、MSP 430、Cortex 和 DSP 系列处理器等，还涉及常用的 MCU 及其外围电路（如 LCD、RAM、ROM、键盘、电动机、LED、AD/DA、部分 SPI 器件、部分 IIC 器件等）。在编译方面，Proteus 支持 IAR、Keil、MATLAB 等多种编译器。

当然，软件仿真精度有限，而且不可能所有器件都找得到相应的仿真模型，因此配合使用开发板和仿真器学习效果会更佳。

2．PCB 设计软件

PCB（Printed-Circuit Board）的中文名为印制电路板，有多种设计软件，如 Protel 99SE、Protel DXP 2004、Altium Designer、Cadence SPB、Cadence OrCAD Capture PCB Editor（OrCAD Capture）配合 Layout，还有 Mentor 公司的 Board Station（EN）和 Expedition PCB（WG）及收购来的 Pads（PowerPCB）等。

（1）应用极为广泛的 Protel 产品。

Protel 软件较早在国内使用，普及率相对较高。它简单易学，占用系统资源不多，对计算机配置要求较低，适合初学者。现在中高职院校普遍使用的是 Protel 99SE 或 Protel DXP 2004。

1999 年，划时代的 Protel 99 及其升级版 Protel 99SE 被推出；2002 年，Protel DXP 被推出。此后 Altium 从定点软件产品发布方式向连续流发布方式转移，基本上每年都有新版本发布，后又发布了以"Altium Designer+季节"命名的版本，如 2008 年发布的 Altium Designer

Summer 08（简称 AD 8）；2014 年 6 月发布的 Altium Designer 14.3。其中，Altium Designer Summer 08 将 ECAD 和 MCAD 两种文件格式结合在一起；Altium Designer 14.3 是一个完整的全方位电路设计系统，具有绘制电路原理图、仿真模拟电路与数字电路混合信号、设计多层 PCB（包含 PCB 自动布局布线）、设计可编程逻辑器件、生成图表、生成电路表格、支持宏操作等功能，具有 Client/Server（客户/服务）体系结构，同时兼容一些其他设计软件的文件格式，如 OrCAD、PSpice、Excel 等；改善了电路原理图线路拖曳功能，重点解决了在提高设计效率的同时保持线路连通性的问题，包括针对线路重叠、网络标签、连接节点等处理功能的改进①。

Altium 于 2020 年重磅发布了 Altium Designer 20，其功能更加全面和先进，主要体现在统一的设计体验、统一的数据模型、ECAD/MCAD 无缝集成、灵活办公、无线互联、逼真的软硬结合板、多板装配、Altium 365 云服务等方面。

Altium 于 2023 年 3 月发布了 Altium Designer 23.2。该版本从以下三方面为软件带来了更先进的产品设计和协作功能，帮助设计人员持续创造尖端电子技术。

- 产品设计功能：包括线束设计项目、CoDesigner 中的多板支持、多板项目中云器件的放置，以及 Altium 365 查看器中的多板支持。
- 更好的协作：通过 Altium 365 提供的协作工具可扩展到 Altium Designer 的其他领域。
- 高级布局工具：用户可以通过封装中的自定义焊盘形状、简化的设计规则创建，以及简化的变体管理更好地控制 PCB 布局。

Altium Designer 主要用于电路原理图设计、电路仿真、PCB 绘制编辑，是全国大学生电子设计竞赛必备软件。Altium Designer 的缺点是对复杂板的设计不如 Cadence 产品操作方便。

（2）Cadence 产品。

Cadence 是全球 EDA 工具软件领域的领导者之一，拥有 PSpice、Allegro、OrCAD、Virtuoso 等众多知名软件。Cadence 的软件产品利用定制/模拟工具帮助工程师设计构成芯片级系统（System on Chip，SoC）的晶体管、标准单元和 IP 核。Cadence 的数字工具可对千兆级、千兆赫级较新半导体工艺节点的 SoC 进行自动化设计和验证。Cadence 的芯片封装和 PCB 工具可以帮助人们实现完整的 PCB 和子系统的设计，其高速 PCB 设计产品在市场上应用非常广泛。

Cadence 产品的缺点是操作较复杂，不适合中高职学生学习和使用，比较更适合电子专业设计人员进行复杂板的开发。

项目二　典型电路仿真设计

学习目标

（1）熟悉 PSpice、Multisim 典型电路原理图编辑与仿真操作过程。

（2）掌握三极管仿真应用电路原理图编辑和运行分析操作方法。

（3）掌握数码显示计数器的组成，能够放置常见元器件对象并进行仿真操作。

---

① 关于 Protel 更多资料请登录 http://www.altium.com.cn/ 网站进行学习，对于其他软件也同理进行学习。

问题导读

仿真设计主要步骤有哪些

（1）启动软件，设计电路原理图。

（2）调用原理图库中的元器件，设置各元器件的属性。

（3）用导线连接各元器件，形成电路原理图。

（4）设置要模拟分析的内容，确定分析类型。

（5）进行仿真运行及调试操作。

知识拓展

PSpice 8.X 的主要优点

利用 PSpice 可以对电路进行各种分析，如直流静态工作点分析、直流扫描分析、交流扫描分析、瞬态分析、温度特性分析，灵敏度分析、蒙特卡罗分析等。

通过以下典型电路仿真实验，PSpice 8.X 可以快速、方便、精确、直观地反映相应电路的各项参数。这与以往的使用普通课件进行展示说明，分析讲解教学有本质区别，师生既要动手又要动脑，有利于对比分析理论与实践，提升知识层次，同时为后续学习打好基础。

知识链接

电路设计如何选用软件

（1）模拟/数字电路的精确仿真使用 Multisim。

Multisim 包含实际元器件和虚拟元器件，二者之间的根本差别在于：实际元器件是与实际使用的元器件的型号、参数值及封装一一对应的元器件，在设计中选用此类器件，不仅可以使设计仿真与实际情况有良好的对应性，还可以直接将设计结果导出到 Ultiboard 中；虚拟元器件只能用来进行电路仿真。

（2）普通 PCB 设计使用 Protel（或 Altium Designer）。

近些年，各个省市乃至全国职业院校技能大赛的"电子产品安装与调试""单片机设计与调试"等比赛项目大多都指定使用 Protel 设计平台进行电路原理图及 PCB 设计。

任务一　共射极放大电路 PSpice 仿真

教学微课

做中学

下面以典型电路中分压式共射极放大电路仿真为例，进行静态工作点分析。

（1）启动 PSpice，打开原理图编辑器 MicroSim Schematics 界面，如图 1-2-1 所示。

（2）依次选择"Draw"→"Get New Part"命令，在弹出的"Part Browser Advanced"对话框中的"Part Name"文本框中输入晶体管的型号"Q2N3904"，添加三极管。单击"Place & Close"按钮，设置晶体管的名称为"Q1"。"Part Browser Advanced"对话框如图 1-2-2 所示。

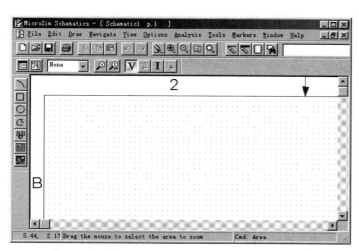

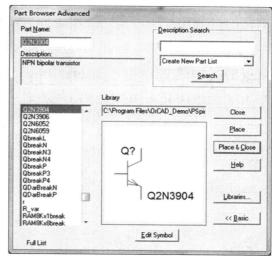

图 1-2-1　原理图编辑器 MicroSim Schematics 界面　　图 1-2-2　"Part Browser Advanced" 对话框

（3）单击 Q1 后，依次选择 "Edit" → "Model" 命令，弹出 "Edit Model" 对话框，单击 "Edit Instance Model（Text）" 按钮，弹出 "Model Editor" 对话框，这里注意修改 Q1 的放大倍数 Bf，将其设置为 50，如图 1-2-3 所示。

（4）同理添加电阻，并修改对应参数。添加 5 个电阻，分别命名为 Rb1、Rb2、Rc、Re、RL；依次双击，将阻值对应设置为 30kΩ、10kΩ、2kΩ、1kΩ、5.1kΩ。

（5）同理添加电容，并修改对应参数。添加 3 个电容，分别命名为 C1、C2、C3；依次双击，并将电容值依次设置为 10μF、10μF、50μF。

（6）添加其他元器件及电源等，如直流电压源（VCC）、正弦瞬态源（VSIN）、连接器（BUBBLE）、地（EGND），并设置对应参数。调整各个元器件位置，并用导线连接。原理图编辑器最后编辑的电路图如图 1-2-4 所示。

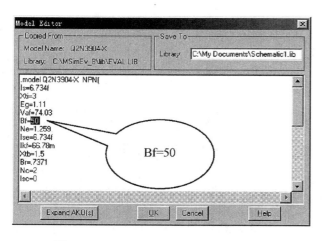

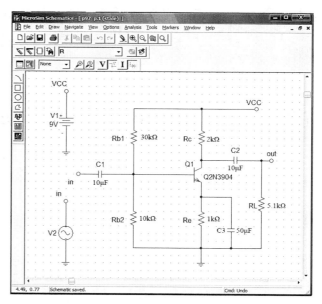

图 1-2-3　"Model Editor" 对话框　　　　图 1-2-4　原理图编辑器最后编辑的电路图

（7）静态工作点的设置与直观分析。依次选择 "Analysis" → "Setup" 命令，弹出 "Analysis Setup" 对话框，如图 1-2-5 所示。勾选 "Bias Point Detail" 复选框，单击 "Close" 按钮。

（8）设置完成后，依次选择 "Analysis" → "Simulate" 命令，在计算完成后，就可以看到电路的静态工作点了。先依次选择"Analysis"→"Display Results on Schematics"→"Enable"命令，然后依次选择"Analysis"→"Display Results on Schematics"命令，再分别选择"Enable Voltage Display"选项和"Enable Current Display"选项，即可在电路原理图中明显地看到电路的静态工作电压和电流，如图 1-2-6 所示。

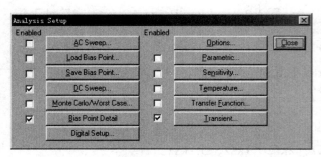

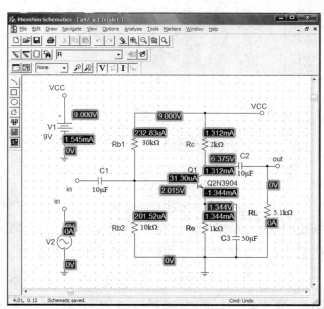

图 1-2-5　"Analysis Setup"对话框　　　　图 1-2-6　电路的静态工作电压和电流

 特别注释

利用 PSpice 进行瞬态分析可以观察到放大电路工作点在放大区、截止区、饱和区的输出波形，进行交流扫描分析可以获得输入电阻、输出电阻随频率变化的曲线波形，放大电路电压增益随频率变化的曲线波形等。由于篇幅所限，更多仿真分析请读者自行完成。

任务二　计数数码显示电路 Multisim 仿真

做中学

设计计数数码显示电路，该电路的功能是对输入脉冲的个数（0～9）进行递增计数，并通过译码显示电路将计数脉冲显示出来。操作开关 J1 将 74LS00D 的引脚每接地一次，就对 74LS161D 输入一个计数脉冲，74LS161D（能记录输入脉冲个数，故被称为计数器）的输出就递增 1，最后由 74LS48D 译码芯片连接数码管显示。

（1）启动 Multisim 10，如图 1-2-7 所示，系统自动建立名为"Circuit1"的原理图文件，也可以依次选择菜单栏中的"File"→"New"命令新建一个原理图文件。

（2）依次选择"Place"→"Component"命令，弹出"Select a Component"对话框，如图 1-2-8 所示。

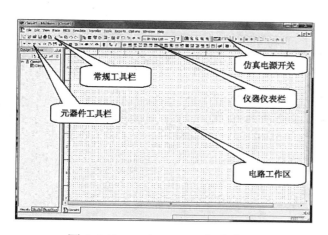

图 1-2-7　Multisim 10 启动窗口

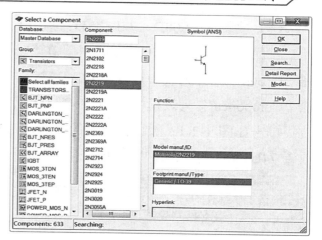

图 1-2-8　"Select a Component" 对话框

 特别注释

常见的三种放置元器件的方法如下。

- 方法一：在电路工作区中右击，在弹出的快捷菜单中选择 "Place a Component" 命令，放置元器件。
- 方法二：利用 "Ctrl+W" 快捷键放置元器件。
- 方法三：通过元器件工具栏放置元器件，如图 1-2-9 所示。

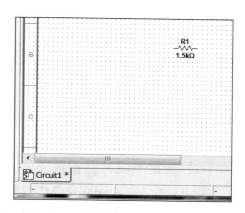

图 1-2-9　元器件工具栏

（3）放置电阻。

在 "Select a Component" 对话框中，单击 "Group" 下拉按钮，选择 "Basic" 选项；在 "Family" 列表框中，选择 "RESISTOR" 选项，如图 1-2-10 所示。

在如图 1-2-10 所示的对话框中，选择 "Component" 列表框中的 "1.5k" 选项，单击 "OK" 按钮。此时该电阻随鼠标指针一起移动，在电路工作区适当位置单击，操作结果如图 1-2-11 所示。

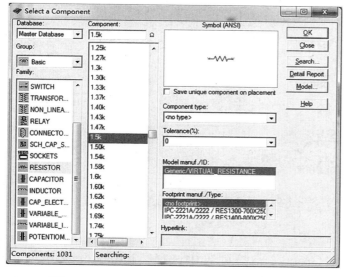

图 1-2-10　"Select a Component" 对话框

图 1-2-11　放置 1.5kΩ 电阻的效果

放置完成后系统返回如图 1-2-10 所示的对话框。

（4）放置 74LS00D、74LS48D、74LS161D。

在如图 1-2-10 所示的对话框中，在"Database"下拉列表中选择"Master Database"选项，在"Group"下拉列表中选择"TTL"选项，在"Family"列表框中选择"74LS"选项，在右侧"Component"列表框中选择"74LS00D"选项，如图 1-2-12 所示。

单击如图 1-2-12 所示窗口中的"OK"按钮，在原理图编辑器中显示如图 1-2-13 所示的放置 74LS00D 的"New"工作按钮。

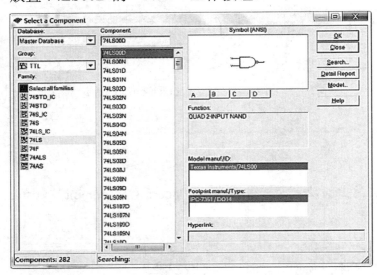

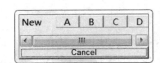

图 1-2-12　选择"74LS00D"选项　　　图 1-2-13　放置 74LS00D 的"New"工作按钮

根据计数数码显示电路中的 74LS00D 的电路原理图，依次单击"A""B""C"3 个按钮，放置结果如图 1-2-14 所示。

放置完成后，单击"Cancel"按钮，返回"Select a Component"对话框。类似地，依次放置 74LS48D、74LS161D，放置结果如图 1-2-15 所示。

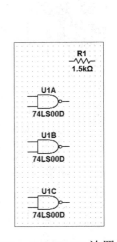

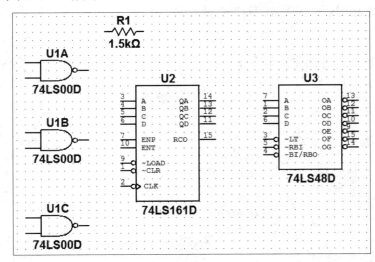

图 1-2-14　74LS00D 放置结果　　　图 1-2-15　74LS48D、74LS161D 放置结果

（5）放置七段共阴极数码管。

在"Select a Component"对话框中的"Group"下拉列表中选择"Indicators"选项，在"Family"列表框中选择"HEX_DISPLAY"选项，在"Component"列表框中选择"SEVEN_SEG_COM_K"选项，如图 1-2-16 所示，单击"OK"按钮，完成七段共阴极数码管放置。

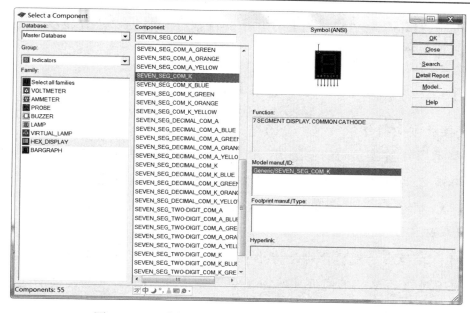

图 1-2-16　选择 "SEVEN_SEG_COM_K" 选项

（6）放置单刀双掷开关。

在"Select a Component"对话框中的"Group"下拉列表中选择"Basic"选项，在"Family"列表框中选择"SWITCH"选项，在"Component"列表框中选择"SPDT"选项，单击"OK"按钮，完成单刀双掷开关放置。

（7）依次放置电源端 VCC 和接地端 GROUND。

在"Select a Component"对话框中的"Group"下拉列表中选择"Sources"项，在"Family"列表框中选择"POWER_SOURCES"选项，在"Component"列表框中分别选择"VCC"选项和"GROUND"选项，单击"OK"按钮，依次完成电源端 VCC 和接地端 GROUND 的放置。其他元器件添加过程与此类似，如添加电阻 R2（阻值为 1kΩ）、R3（阻值为 1kΩ）。添加所有元器件之后，双击电阻 R1，在弹出的对话框中将"Value"（数值项）修改为"1kΩ"。

（8）完成计数数码显示电路元器件放置，如图 1-2-17 所示。

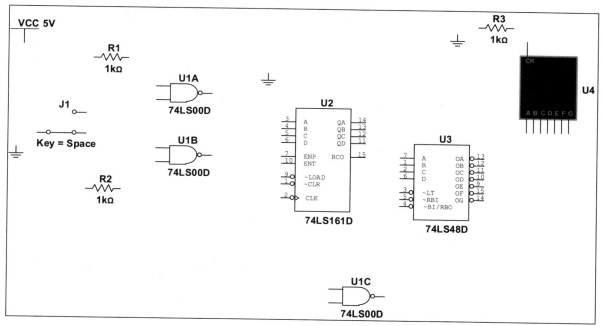

图 1-2-17　计数数码显示电路元器件放置完成

（9）依次选择"File"→"Save"命令，将文件保存为名为"计数显示"的文件，此时计数数码显示电路元器件准备完成。

😊 **特别注释**

1. 元器件摆放方向操作

常用的调整元器件摆放方向的命令有 90 Clockwise（顺时针旋转 90°）、90 CounterCW（逆时针旋转 90°）、Flip Horizontal（水平翻转）、Flip Vertical（垂直翻转）等。这些命令可以通过选择菜单栏中的"Edit"菜单获得，使用快捷键也可以完成对应操作。

2. 元器件参数

双击元器件，在弹出的元器件对话框中可以设置或编辑元器件的各种参数。对于不同元器件，每个选项下对应的参数不同。例如，NPN 三极管的选项为"Label"（标志）、Display（显示）、Value（数值）、Pins（引脚）。

（10）完成导线连接。

Multisim 中的导线连接非常便捷，将鼠标指针移至要连接元器件的引脚处，鼠标指针变成小十字黑点，单击并拖动鼠标指针到另一元器件引脚处，当再次出现小十字黑点时单击，系统自动导线连接两个引脚。74LS48D 的第 3 引脚导线连接电源 VCC 过程电路工作区效果图如图 1-2-18 所示。

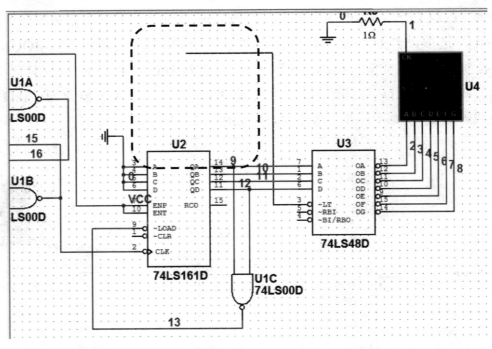

图 1-2-18　74LS48D 的第 3 引脚导线连接电源 VCC 过程电路工作区效果图

（11）完成所有导线连接后，按电路仿真运行快捷键"F5"或单击仿真电源开关按钮，进入仿真运行状态。

（12）按"Enter"键进行仿真电路运行。仿真电路初始运行效果如图 1-2-19 所示。仿真电路运行结果如图 1-2-20 所示。

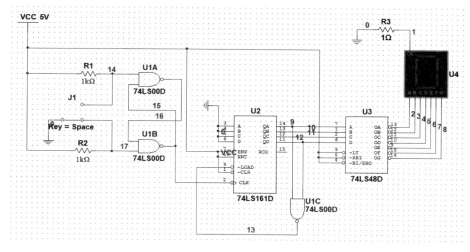

图 1-2-19 仿真电路初始运行效果

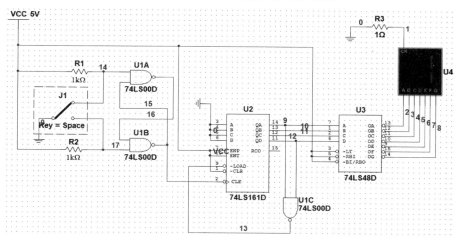

图 1-2-20 仿真电路运行结果

（13）添加仿真示波器。

先单击仿真电源开关按钮，然后通过图 1-2-7 中的仪器仪表栏添加示波器。

示波器的导线连接方法与元器件的导线连接方法相同，此处将 XSC1 的 A 通道接 74LS00D（U1B）的输出引脚，B 通道接地。仿真示波器导线连接的电路原理图如图 1-2-21 所示。

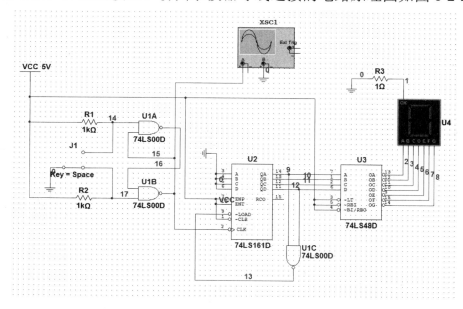

图 1-2-21 仿真示波器导线连接的电路原理图

（14）再次运行仿真电路，双击示波器，初始状态效果图如图 1-2-22 所示。

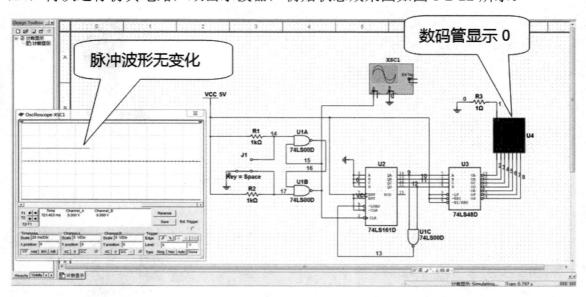

图 1-2-22　示波器仿真初始状态效果图

（15）单击开关 J1 三次或按"Enter"键即可产生脉冲，数码管显示脉冲个数，示波器显示输出波形。示波器仿真运行状态效果图如图 1-2-23 所示。

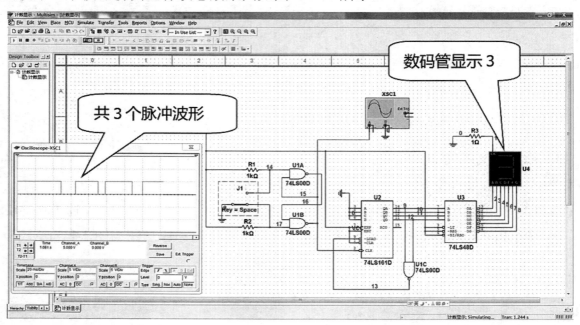

图 1-2-23　示波器仿真运行状态效果图

 特别注释

图 1-2-23 所示的示波器的界面与实验室中常用的示波器面板十分相似，基本操作方法也相近。这里将示波器界面上的"Timebase"（时基）面板中的"Scale"值设置为"20ms/Div"，"Channel A"（A 通道）面板中的"Scale"值保持"5V/Div"不变。

单击示波器界面中的"Reverse"按钮，使波形显示背景颜色反白，以便观察。

项目三 Proteus 仿真电路设计

学习目标

（1）初步认识 Proteus 编辑环境，了解其常规编辑操作方法。

（2）熟悉并掌握基本单片机电路原理图编辑及仿真运行操作。

问题导读

Proteus 单片机仿真一般流程是什么

（1）新建仿真电路的原理图文件。

（2）添加原理图库和元器件。

（3）放置导线、电源、地及各种仿真仪器仪表。

（4）编辑各个元器件对象（准确设计其属性）。

（5）完成电路原理图设计。

（6）调用 Keil C 语言编译生成*.hex 文件。

（7）在单片机上加载目标代码并设置时钟频率等必要参数。

（8）Proteus 仿真运行、调试并观察仿真结果。

知识拓展

Proteus 常见的元器件大类

Proteus 常见的元器件大类如表 1-3-1 所示。

表 1-3-1　Proteus 常见的元器件大类

英文	中文	英文	中文
Analog ICs	模拟集成器件	Switches &Relays	开关和继电器
Capacitors	电容	Microprocessor ICs	微处理器芯片
Connectors	常见各种端口器件	Miscellaneous	常用基本原理图库
Diodes	二极管	TTL 74LS Series	低功耗肖特基 TTL 系列
Electromechanical	电机	Optoelectronics	光电器件
Inductors	电感	Operational Amplifiers	运算放大器
Resistors	电阻	Memory ICs	存储器芯片
Transistors	晶体管	Speakers & Sounders	扬声器和发声器
Switching Devices	开关器件	—	—

知识链接

Proteus 电路仿真窗口主要组成

Proteus 7.8 启动后界面如图 1-3-1 所示。

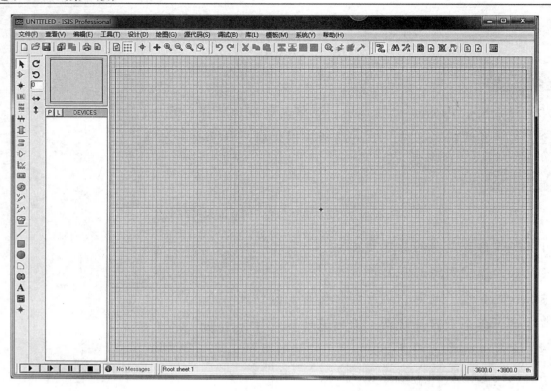

图 1-3-1　Proteus 7.8 启动后界面

整个工作界面主要由以下几部分组成。

（1）电路原理图编辑窗口（The Editing Window）：用来绘制、编辑电路原理图的区域，在如图 1-3-1 所示的窗口中是最大栅格面积区域，元器件要放到该区域中。与其他工具软件不同，这个窗口没有滚动条，可以通过左上角的预览窗口来改变电路原理图的可视范围，用鼠标滚轮缩放视图。

（2）预览窗口（The Overview Window）：是如图 1-3-1 所示的窗口靠左上角的小方框部分。

（3）模型选择工具栏（Mode Selector Toolbar）：具体可分为如下几部分。

① 主要模型（Main Modes）：从左到右依次是"元器件选择"按钮、"元件"按钮、"节点"按钮、"连线标号"按钮、"文字脚本"按钮、"总线绘制"按钮、"子电路放置"按钮等。

② 配件（Gadgets）：从左到右依次是"终端"按钮、"元器件引脚"按钮、"仿真图表"按钮、"录音机"按钮、"信号发生器"按钮、"电压探针"按钮、"电流探针"按钮、"虚拟仪器"按钮等。

③ 2D 图形（2D Graphics）：从左到右依次是"直线"按钮、"框体"按钮、"圆形"按钮、"弧线"按钮、"闭合路径"按钮、"文本"按钮、"符号"按钮、"标记"按钮。

（4）元件列表区域（The Object Selector）：用于挑选元件（Component）、终端端口（Terminal）、信号发生器（Generator）、仿真图表（Graph）等。

（5）方向工具栏（Orientation Toolbar）："旋转"按钮（旋转角度只能是 90 的整数倍）；"翻转"按钮（用于完成水平翻转和垂直翻转）。使用方法为先右击元器件，再单击相应的按钮。

（6）仿真工具栏 ▶ ▶ ∥ ■ ：从左到右依次是"运行"按钮、"单步运行"按钮、"暂停"按钮、"停止"按钮。

任务一　双音 LED 报警器电路仿真

做中学

参考《电子技术基础与技能》《单片机一体化应用技术基础》等教材中关于 555 设计的 555 报警器设计列出本任务元器件清单，如表 1-3-2 所示。

表 1-3-2　元器件清单

元器件名称	元器件符号	规格	数量/个
普通电阻	R1	1kΩ	1
	R2	15kΩ	1
	R3	4.7kΩ	1
	R4	6.8kΩ	1
	R5	5.1kΩ	1
电解电容	C1	47μF/16V	1
	C4	10μF/25V	1
瓷片电容	C2	0.1μF	1
	C3	0.01μF	1
555	U1_DID8，U2_DID8	DIP8	2
插座	8 脚	DIP8	2
LED	D1	RED（红色）	1
扬声器	LS1	16Ω/0.5W	1
直流稳压电源	VCC	5V	1

具体仿真设计操作过程如下。

（1）双击桌面上的"Proteus ISIS"图标，启动 Proteus 7.8，如图 1-3-1 所示。

（2）单击左侧预览窗口下方的 P（挑选元件）按钮，显示如图 1-3-2 所示的对话框。

（3）查找元器件，并将元器件添加到电路原理图编辑环境中。

首先添加 555，在如图 1-3-2 所示的对话框的"关键字"文本框中输入"555"，系统自动显示查找到的相关结果，如图 1-3-3 所示。

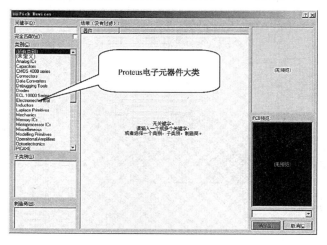

图 1-3-2　Proteus 原理图库

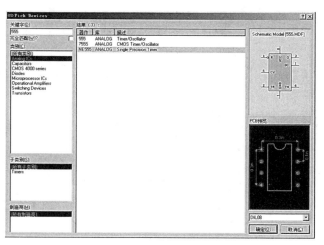

图 1-3-3　"555"查找结果

选择"NE555"器件，单击"确定"按钮，返回电路原理图编辑环境，移动鼠标指针到合适位置，单击，将器件放置在图纸上，同时在"DEVICES"列表框中出现了"555"选项，如图 1-3-4 所示。

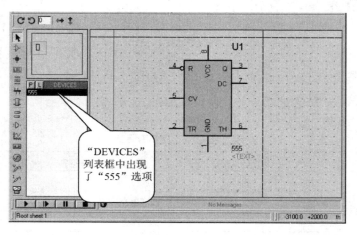

图 1-3-4　添加 555 到电路原理图编辑窗口

 特别注释

参照表 1-3-1 查找并添加其他元器件，操作方法和添加 555 的操作方法相同，但是要特别注意具体元器件（如电阻、电容、电感、二极管、三极管）的型号和参数等，以免影响最终仿真运行结果。

（4）依次放置 VCC 电源、接地端、电阻、电容等元器件到图形编辑窗口中，完成双音 LED 报警器电路元器件准备。

（5）用导线连接各个元器件。

Proteus 可以在想要画线时实现自动检测。当鼠标指针靠近一个对象的连接点时，就会出现一个红色虚线框。单击元器件的连接点，移动鼠标指针（不用一直按着鼠标左键）到目标对象（连接导线处显示红色虚线框）处单击即可，目标处出现节点表示连接有效，如图 1-3-5 所示。

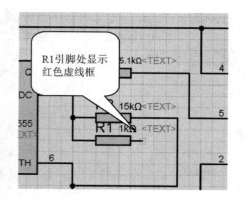 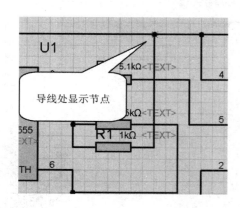

图 1-3-5　放置导线

特别注释

如果想让软件自动确定走线，只需要单击另一个连接点即可，这就是 Proteus 的线路自动路径功能。如果只是在两个连接点处单击，那么系统将选择一条合适的走线路径。

如果想自己决定走线路径，只需要在想要拐点处单击即可。在此过程中，随时可以通过按"ESC"键或右击来放弃画线。

（6）双击各个元器件默认标号，进行具体编号设置。

（7）添加数字电压表、四通道示波器。

单击配件工具栏中的 按钮，元件列表区域如图 1-3-6 所示。这里分别单击"OSCILLOSCOPE"选项和"DC VOLTMETER"选项，添加的数字电压表和四通道示波器如图 1-3-7 所示。

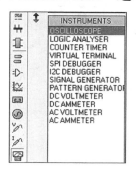

图 1-3-6 虚拟仪器的元器件列表区域

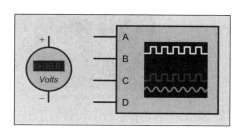

图 1-3-7 数字电压表和四通道示波器

（8）示波器导线连接。

将 C4 的输出端与示波器的 A 通道相连，示波器的 B 通道连接 U2 的 2 引脚。数字电压表正极性端连接示波器的 A 通道，负极性端连接示波器的 B 通道，完成仪器仪表连接。将所有导线正确连接后，就完成了双音 LED 报警器电路原理图，如图 1-3-8 所示。

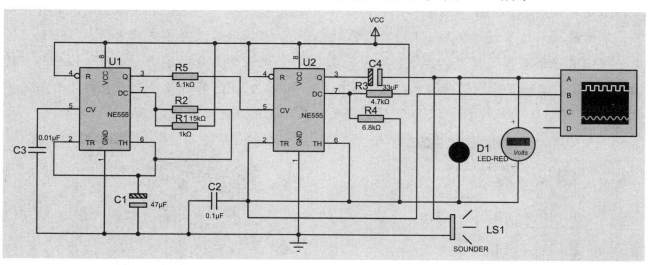

图 1-3-8 双音 LED 报警器电路原理图

（9）单击仿真工具栏中的"运行"按钮，开始仿真，计算机扬声器发出有节奏的"嗒嗒"报警器声，LED 配合着闪亮。双音 LED 报警器电路仿真运行效果如图 1-3-9 所示。瞬间 LED又灭了，如图 1-3-10 所示。单击仿真工具栏中的"停止"按钮，停止仿真。

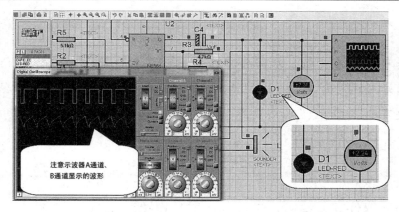

图 1-3-9　双音 LED 报警器电路仿真运行效果

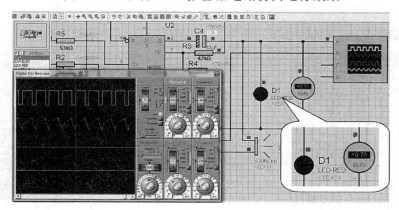

图 1-3-10　双音 LED 报警器电路仿真运行 LED 熄灭效果

😊 **特别注释**

（1）Proteus 在电路仿真运行中，芯片引脚上的红色小方块表示高电平，蓝色小方块表示低电平。

（2）通过观察如图 1-3-9 和图 1-3-10 所示的 LED 与数字电压表局部放大显示效果图，可以清楚地分析出，LED 和普通二极管一样具有单向导电性，但点亮 LED 的电压值是有要求的，只有两点电位差超过 2.2V，LED 才可以被点亮。可以通过反复单击"运行"按钮和"停止"按钮来观察电压数值。仿真运行期间，在 LED 亮与灭时，分别单击"运行"按钮和"暂停"按钮，并分别右击数字电压表。图 1-3-11（a）所示为 LED 亮时数字电压表两点电压显示数值，图 1-3-11（b）所示为 LED 灭时数字电压表两点电压显示数值。

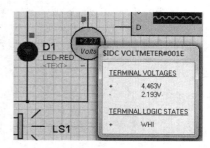

（a）LED 亮时数字电压表两点电压显示数值

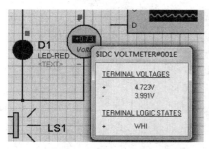

（b）LED 灭时数字电压表两点电压显示数值

图 1-3-11　数字电压表两点电压显示数值

（3）四通道示波器上的各种调节旋钮与主流示波器相同。由于篇幅所限，这里不再细述。A 通道、B 通道各旋钮调节数值如图 1-3-12 所示，这里没有叠加 A 通道和 B 通道显示的波形。

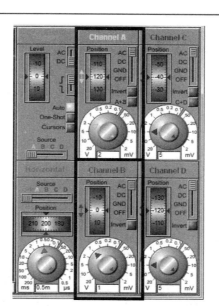

图 1-3-12　A 通道、B 通道各旋钮调节数值

（10）依次选择"文件"→"另存为"命令，将仿真电路保存在指定的"Proteus"文件夹中，并命名为"NE555 双音 LED 报警器"。

任务二　爱心彩灯单片机电路仿真

做中学

通过任务一熟悉了 Proteus ISIS 仿真软件的基本操作。本任务完成爱心彩灯单片机电路的设计、调试及仿真运行。采用的 Proteus 版本为 8.1。

（1）启动 Proteus 8.1，启动后的窗口如图 1-3-13 所示。此版本较 Proteus 7.8 变化较大。

图 1-3-13　Proteus 8.1 启动后的窗口

（2）新建爱心彩灯项目文件。依次选择"文件"→"新建工程"命令，如图 1-3-14 所示。在"新建工程向导：开始"对话框中设置工程名为"love_hearts"，如图 1-3-15 所示。

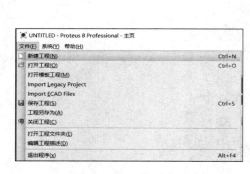

图1-3-14　新建工程

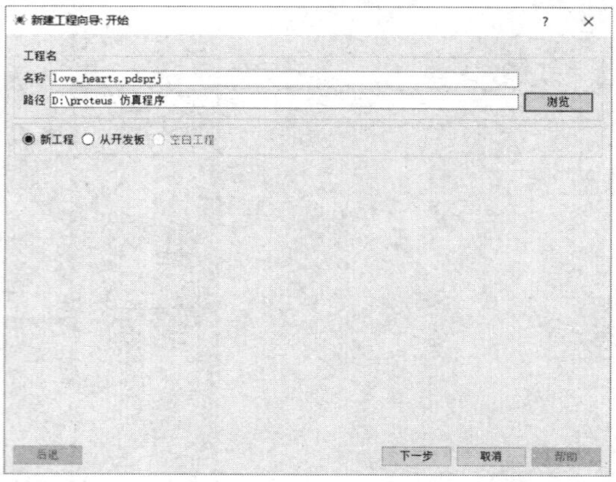

图1-3-15　设置工程名

（3）单击"下一步"按钮，进入"新建工程向导：Schematic Design"对话框，如图1-3-16所示，选择"从选中的模版中创建原理图"单选按钮，并在下面的列表框中选择"DEFAULT"选项。

（4）单击"下一步"按钮，在打开的对话框中选择"不创建PCB布版设计"选项。

（5）单击"下一步"按钮，在打开的对话框中选择"没有固件项目"选项。

（6）单击"下一步"按钮，显示如图1-3-17所示的"新建工程向导：总结"对话框。

图1-3-16　"新建工程向导：Schematic Design"对话框

图1-3-17　"新建工程向导：总结"对话框

（7）单击"完成"按钮，进入电路原理图设计环境，如图1-3-18所示。

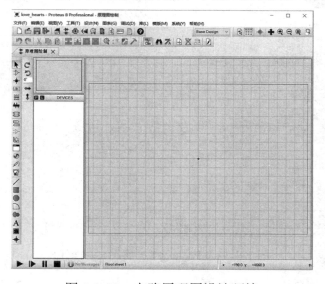

图1-3-18　电路原理图设计环境

😊 **特别注释**

Proteus 当前图纸默认长×宽为 10in×7in 的 A4 纸大小，系统中线宽采用的单位是 th。th 为 thou 的简写，thou 是英制单位，为毫英寸，也就是千分之一英寸（inch），1th＝25.4×10⁻³mm。其实 th 就是 mil。Altium Designer 中的单位是 mil（英制）和 mm（公制）。

（8）下面进行爱心彩灯单片机仿真电路具体设计。先添加 AT89C52：单击左侧预览窗口下方的 P 按钮，在弹出的对话框的"Category"（类别）列表框中选择"Microprocessor ICs"选项，在"Showing local results"（结果）列表中选择"AT89C52"选项，结果如图 1-3-19 所示。单击"确定"按钮，返回电路原理图编辑环境，拖动鼠标指针到图纸的合适位置后单击，将 AT89C52 放置在图纸上，如图 1-3-20 所示。此时在元件列表框中出现了"AT89C52"，单片机添加完成。

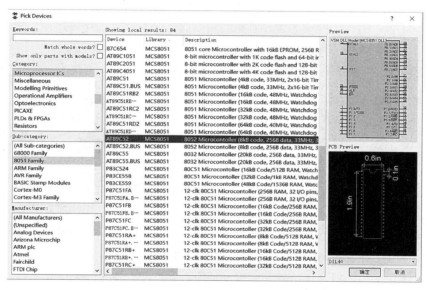

图 1-3-19　添加 AT89C52

（9）同理在仿真电路原理图编辑环境下，添加 LED。选择 LED 的对话框如图 1-3-21 所示。

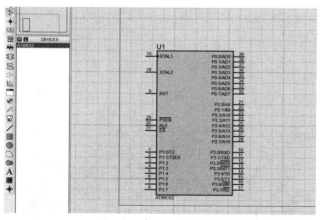

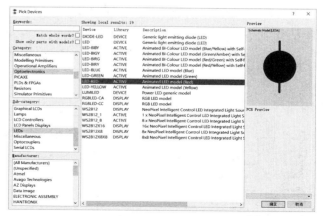

图 1-3-20　AT89C52 放置在图纸上的效果图　　　图 1-3-21　选择 LED 的对话框

（10）同理在仿真电路原理图编辑环境下，添加电阻（排阻），这里选择 RX8。爱心彩灯单片机电路的主要元器件准备完成。

（11）添加终端模式中的 VCC 电源，并将它摆放到合理位置，如图 1-3-22。元器件准备完成图如图 1-3-23 所示。

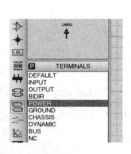

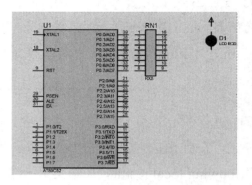

图 1-3-22　终端模式中的 VCC 电源　　　　图 1-3-23　元器件准备完成图

（12）双击 RX8 排阻，在打开的对话框的"标签"选项卡中将"字符串"修改为"RN0"，如图 1-3-24 所示，并将该排阻与 AT89C52 的 P0 引脚间进行导线连接，将 VCC 电源与 D1 间进行导线连接，操作方法见任务一。导线连接结果如图 1-3-25 所示。

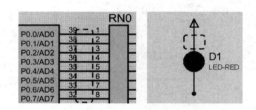

图 1-3-24　"标签"选项卡　　　　图 1-3-25　导线连接结果

（13）将 RN0 右侧的引脚适当延长，为连线标号做准备。这一步很重要。

（14）单击主要模型中的 LBL 按钮，按住鼠标左键将鼠标指针拖曳到 RN0 右侧导线的适当位置，在出现红色标记位时，松开鼠标左键，弹出"编辑连线标号"对话框，在"字符串"文本框中输入"P00A"（含义为单片机 P0 口 0 引脚标记为 A，下面的单片机口连线标号依次类推），如图 1-3-26 所示，分别建立端口电气连接。这样做可使电路原理图简洁，过多的导线尤其是交叉导线会让人感觉电路原理图混乱，影响美观。RN0 的 16 个引脚和 D1 对应的标号设计效果如图 1-3-27 所示。

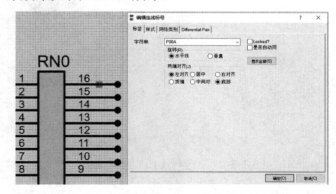

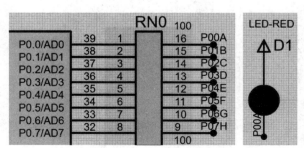

图 1-3-26　字符串中输入"P00A"效果图　　　图 1-3-27　RN0 的 16 个引脚和
　　　　　　　　　　　　　　　　　　　　　　　　D1 对应的标号设计效果

（15）接下来完成另外三个排阻 RN1、RN2、RN3 的添加，并进行导线连接、设计连线标号，对应添加余下的 31 个 LED 并设计对应的连线标号。爱心彩灯单片机电路整体设计完成效果如图 1-3-28 所示。

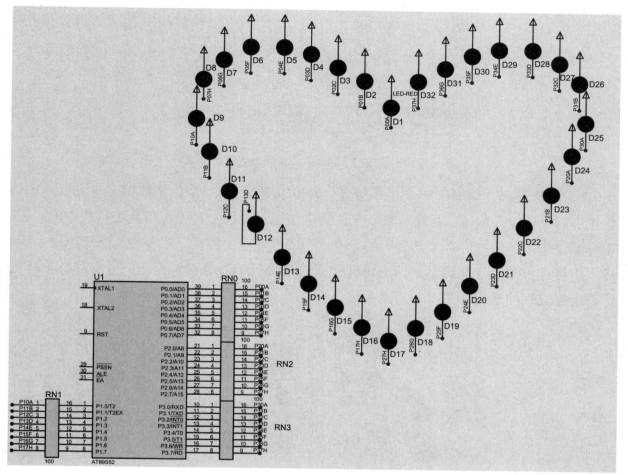

图 1-3-28　爱心彩灯单片机电路整体设计完成效果

😊 特别注释

（1）注意不要将 VCC 电源和 LED 引脚直接相接，两者之间必须要用短导线连接。

（2）如图 1-3-27 所示，本任务第（13）步中涉及排阻右侧引脚的导线操作技巧：利用 Proteus 的自动捕捉功能，将鼠标指针拖曳到 RN0 排阻 16 引脚右端获取连接点并单击，拖曳鼠标指针一小段直线距离后双击即可完成一小段导线的绘制。右击可退出画线状态。接下来，只要依次获取 9～15 引脚的右端的连接点并双击，即可绘制和 16 引脚一样长的导线。其他有规律的导线的操作方法和此方法相同。

（16）建立爱心彩灯单片机电路仿真目标程序。Keil C 程序的操作过程详见数字化资源库。

（17）右击 AT89C52，在弹出的快捷菜单中选择"编辑属性"命令，或者直接按"Ctrl+E"快捷键。在打开的"编辑元件"对话框中，单击"Program File"文本框后的"打开"按钮，添加编译成功的"32 heart design.hex"目标文件，如图 1-3-29 所示，单击"确定"按钮。

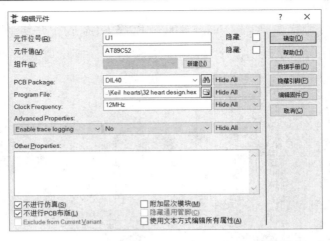

图 1-3-29　添加 "32 heart design.hex" 目标文件

（18）依次选择 "调试" → "运行仿真" 命令或直接按 "F12" 快捷键，也可以单击仿真工具栏中的 "运行" 按钮，开始仿真。在仿真电路运行过程中，单击仿真工具栏中的 "暂停" 按钮可暂停仿真，单击仿真工具栏中的 "停止" 按钮可停止仿真。若对仿真运行结果不满意，则进一步进行程序设计与调试，直到设计的爱心彩灯显示效果满意为止。爱心彩灯单片机电路仿真运行过程的效果如图 1-3-30 所示。

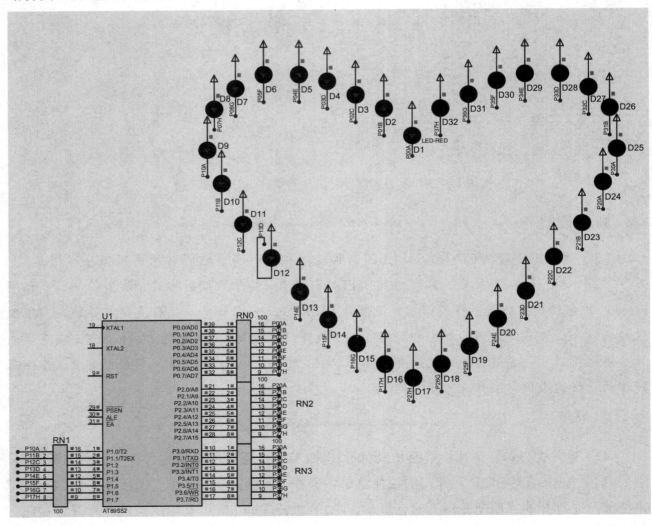

图 1-3-30　爱心彩灯单片机电路仿真运行过程的效果

（19）依次选择"文件"→"保存工程"命令，保存工程项目。

▶ 技能重点考核内容小结

（1）学会 PSpice、Multisim、Proteus 等仿真软件电路原理图建立及仿真运行操作方法。

（2）重点掌握一种仿真软件的典型电路原理图的建立与编辑方法。

（3）掌握三极管放大电路、74LSXX 系列芯片等电路仿真的应用。

（4）初步掌握数字万用表、示波器等常见虚拟仪器的使用方法与数据分析操作方法。

（5）初步理解 EDA 的内涵及相关 EDA 工具软件在应用领域的实际价值。

▶ 习题与实训

一、填空题

1．EDA 是 Electronic Design Automation 的缩写，其含义是_____。

2．根据电子设计技术的发展历程，可将 EDA 技术分为_____、_____、_____三个主要发展阶段。

3．相对于其他 EDA 工具软件，人机交互界面更加形象直观，特别是仪器仪表库中的各仪器仪表与实验中的实际仪器仪表完全相同的仿真软件是_____。

4．目前在我国用得最多的 PCB 设计软件是_____。

5．_____现正成为高速 PCB 设计中应用较广泛的软件之一，其目前最新版本是 16.5。

6．_____是英国 Lab Center Electronics 公司研发的 EDA 工具软件，是世界上著名单片机电路仿真软件。

二、选择题

1．计算机辅助工程的英文缩写是 _____。

    A．CAD　　　　　　B．CAE　　　　　　C．CAM　　　　　　D．CAI

2．在系统启动后默认文件名是"Circuit1"的仿真软件是 _____。

    A．PSpice　　　B．Multisim　　　C．Protel　　　　D．Proteus

3．_____是一种非线性时域分析方法，可以分析在激励信号作用下的电路时域响应。

    A．直流分析　　　B．交流分析　　　C．瞬态分析　　　D．失真分析

4．在 Proteus 常见的元器件大类中表示微处理器芯片的是_____。

    A．Electromechanical　　　　　　　B．Microprocessor ICs

    C．Analog ICs　　　　　　　　　　D．Diodes

三、判断题

1．Multisim 中的导线连接非常方便，将鼠标指针拖曳至要连接的元器件引脚一端，鼠标指针自动变为小十字黑点，单击并拖曳鼠标指针到另一个元器件引脚处即可直接连接。

（　　）

2．Altium Designer 是电子业界一款具有较高水准且能够完整进行板级设计解决方案的软件平台。 （　　）

3．PSpice 可以对电路进行各种分析，可分析的电路特性一共有 14 种。 （　　）

4．Proteus 中的电路原理图编辑窗口是没有滚动条的。 （　　）

四、简答题

1．简述什么是 EDA。

2．简述 Multisim、Proteus 两款仿真软件的区别。

五、实训操作

实训 1.1　单级分压式负反馈放大电路

1．实训任务

（1）熟悉 Multisim（10 或更高版本）的常规操作方法。

（2）掌握典型单级分压式负反馈放大电路原理图的绘制方法。

（3）熟悉典型单级分压式负反馈放大电路静态工作点的仿真运行及分析方法。

2．任务目标

（1）熟悉典型单级分压式负反馈放大电路静态工作点的仿真运行操作方法。

（2）熟悉典型单级分压式负反馈放大电路动态参数仿真运行操作方法。

3．虚拟实训仪器仪表

双踪示波器、信号发生器、交流毫伏表、数字万用表。

4．实训电路原理图

启动 Multisim，添加电阻、电容、滑动变阻器、三极管、信号源、直流电源等元器件，并连接导线。最终设计的单级分压式负反馈放大电路原理图如图 1-1 所示。本教材中的各电路原理图仅供参考，请读者根据当地相关教材，自行设计实训电路原理图。

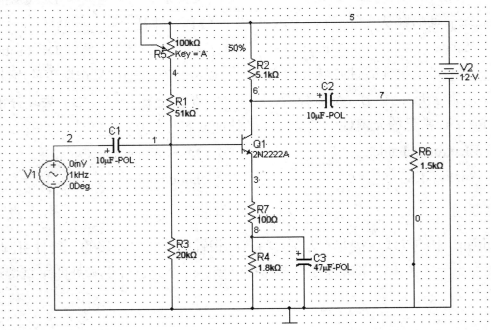

图 1-1　最终设计的单级分压式负反馈放大电路原理图

5. 主要操作过程

（1）先绘制单级分压式负反馈放大电路原理图，参考图 1-1。

（2）添加虚拟仪表并仿真运行。

① 单击仪表工具栏中的第一个按钮，即数字万用表。将数字万用表放置在如图 1-2 所示的位置上。

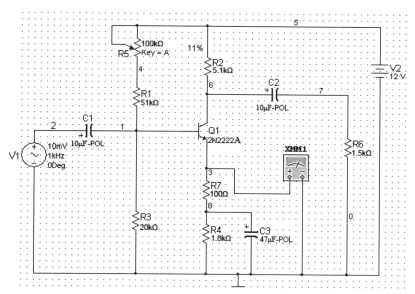

图 1-2 添加数字万用表后的单级分压式负反馈放大电路原理图

② 单击工具栏中的仿真运行按钮，进行数据仿真。双击图 1-2 中的 ▦ 图标，就可以观察三极管 e 端的对地直流电压，如图 1-3 所示。

图 1-3 数字万用表显示数据

③ 单击图 1-2 中的滑动变阻器，即 R5，出现一个虚框。之后，按键盘上的"A"键，就可以调高滑动变阻器的阻值；按"Shift+A"快捷键，就可以调低滑动变阻器的阻值。调节滑动变阻器的阻值，使数字万用表的示数为 2.2V 左右。

④ 仿真获得静态数据，如图 1-4 所示。将静态数据填写到表 1-1 中。

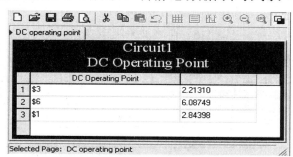

图 1-4 电路静态工作各节点数据

表 1-1　静态数据

仿真数据（对地数据）/V			计算数据/V		
基　极	集电极	发射极	V_{be}	V_{ce}	R_p

⑤ 动态仿真，修改后的动态仿真电路及示波器连接效果图如图 1-5 所示。

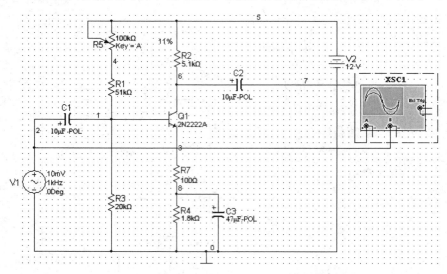

图 1-5　修改后的动态仿真电路及示波器连接效果图

⑥ 运行仿真，观察仿真波形。数据仿真波形显示窗口如图 1-6 所示，填写动态数据到表 1-2 中（注：表 1-2 中的数据是在滑动变阻器阻值为无穷大的条件下测得的）。

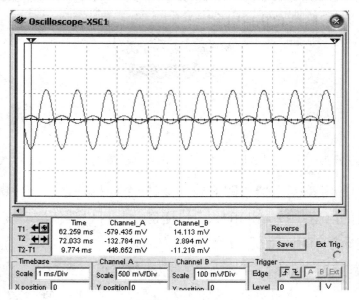

图 1-6　仿真波形显示窗口

表 1-2　动态数据

仿真数据（注意填写单位）		计算
V_i 有效值	V_o 有效值	A_v

注：单击图 1-6 中的 T1 和 T2 箭头可移动图中的竖线，从而读出输入和输出的峰值。峰值除以 $2\sqrt{2}$ 就是有效值。

⑦ 其他动态仿真，如测量输入电阻 R_i、测量输出电阻 R_o 等，请读者自行练习。

实训 1.2　Proteus 设计仿真电路

试完成如图 1-7 所示的两路 LED 广告彩灯电路原理图的设计，程序由读者自行完成。

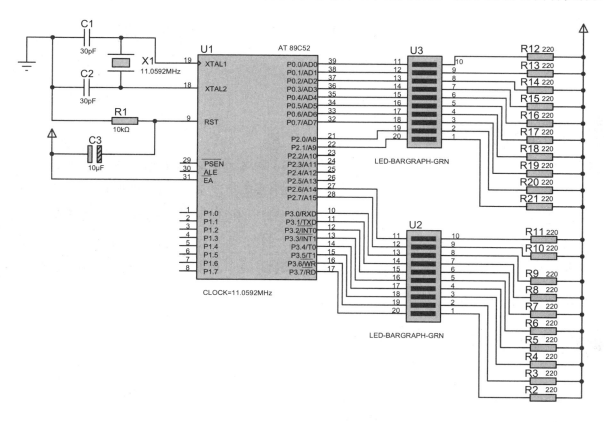

图 1-7　两路 LED 广告彩灯电路原理图

第一单元实训综合评价表

班级		姓名		PC 号		学生自评成绩	
考核内容			配分	重点评分内容			扣分
1	创建原理图文件		5	正确创建文件			
2	设置电路原理图图纸参数，如指定用 B5 图纸		5	图纸参数设置正确			
3	元器件常规编辑操作		10	完全掌握复制、粘贴、删除、移动元器件等操作			
4	原理图库的添加使用		10	准确添加原理图库，灵活应用			
5	绘制导线、添加网络端口		20	参照仿真电路原理图，熟练掌握导线连接方法，以及网络端口添加及属性设置方法			
6	电路原理图仿真运行及调试，电路相关参数分析		25	按照题目要求完成仿真运行及调试，且相关参数运行结果正确			
7	添加必要的数字万用表、示波器等虚拟仪器仪表		15	正确建立数字万用表、示波器连接			
反馈	完成操作是否顺利			—			
	操作是否存在问题			—			
教师综合评定成绩				教师签字			

注：从本单元介绍的几款 EDA 工具软件中任选其一，参考本单元习题与实训中的实训部分，独立完成实训部分涉及的电路原理图仿真运行及分析。

第二单元 工程项目操作基础

本单元综合教学目标

进一步熟悉 Protel DXP 2004（下文简称 Protel）的特点，掌握 Protel 多种启动和退出操作方法。熟悉工作界面的自动隐藏、浮动及锁定控制。通过学习 Protel 原理图编辑器及原理图库文件的建立方法，重点掌握电路原理图、原理图库、PCB 文件、封装库、电路仿真文件的建立方法及各常用工具栏的应用含义。熟悉项目文件常规操作，会进行 Protel 系统环境的自定义设置，掌握对指定工作路径下文件进行操作的方法，激发学习兴趣，培养个性化保存文件的设计习惯。

岗位技能综合职业素质要求

1. 掌握 Protel 多种启动和退出方法。
2. 掌握原理图编辑器及原理图库建立的方法。
3. 掌握 PCB 文件及封装库建立的方法。
4. 熟悉电路仿真操作的一般设计过程。
5. 能按照个人需求进行系统环境的自定义。

核心素养与课程思政目标

1. 增强与电子 CAD 软件相关的技术信息意识，培养模式识别思维。
2. 增强软件中的英文识别能力与专业知识的应用能力。
3. 培养工程项目建立思维，提高专业 CAD 软件学习与设计能力。
4. 坚持良好操控习惯的专业技能导向，培养个性鲜明的大国工匠。
5. 强化电子技术信息社会责任。
6. 贯彻党的二十大精神，自觉践行社会主义核心价值观。

教学微课

项目一 常用编辑器

学习目标

（1）掌握 Protel 多种启动和退出操作方法，对主窗口的组成形成初步认识，激发学习兴趣。

（2）学习 Protel 原理图编辑器及原理图库文件的建立，对比学习 PCB 文件、封装库及仿真电路原理图的建立。

（3）重点熟悉电路原理图、PCB 编辑器等常用工具按钮及其含义。

⬤ 问题导读

导读一　原理图编辑器

Protel 的原理图编辑器提供了高效、智能的电路原理图编辑工作环境,利用它能完成对实际工作电路电气连接的正确设计,而且能实现高质量的电路原理图打印输出。它的原理图库非常丰富,最大限度地覆盖了市场上众多主流元器件生产厂家的繁杂的元器件类型。

导读二　原理图库编辑器

原理图库编辑器用来设计并建立自己的原理图库,允许设计者自由地调用它们。原理图编辑器是电路原理图设计基础平台;原理图库编辑器是服务于这个平台的资料库,用来保证电路原理图设计的顺利完成,是设计者在电路设计过程中根据自己的设计需求激活的。

⬤ 知识链接

Protel 的集成库

Protel 自带一系列名字与世界各大电子制造商名字相关的集成库,这些库被存储在 "\Altium\Library" 目录下,包括原理图库、封装库等。图 2-1-1 所示为 Library 库组成图。用于进行电路仿真的 SPICE 模型位于 "\Altium\Library" 文件夹中的集成库内,信号完整性分析模型位于 "\Altium\Library\SignalIntegrity" 文件夹内。

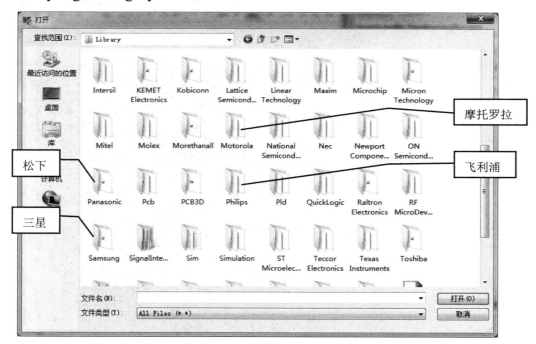

图 2-1-1　Library 库组成图

Protel 两大基本原理图库

(1) Miscellaneous Devices.INTLIB:主要集成了大量的常见基础元器件,详见附录 A。

(2) Miscellaneous Connectors.INTLIB:主要集成了大量的电路设计中的端口,如耳机端口、电源端口、针脚端口等。

知识拓展

原理图库的添加

如果在上述两个原理图库中找不到设计需要的元器件，就要在系统库中查找元器件所在的原理图库，并添加。例如，要使用 NE555 符号，就单击原理图编辑器工作界面右下角的"System"标签，选择"Libraries"选项，选择"Project"面板中的"Libraries"选项，在添加库对话框中选择"Install"选项卡和"Install"按钮，选择如图 2-1-1 所示的对话框中的"ST Microelectronics"文件夹下的"ST Analog Timer Circuit.INTLIB"原理图库并打开，再单击"Close"按钮，即可完成"ST Analog Timer Circuit.INTLIB"库的添加。进而可以对 NE555 进行操作。

任务一 Protel 的启动与退出

做中学

常用的 Protel 启动方法有以下几种。

方法一：双击桌面上的"DXP 2004"图标，启动 Protel。Protel 启动后的界面如图 2-1-2 所示。

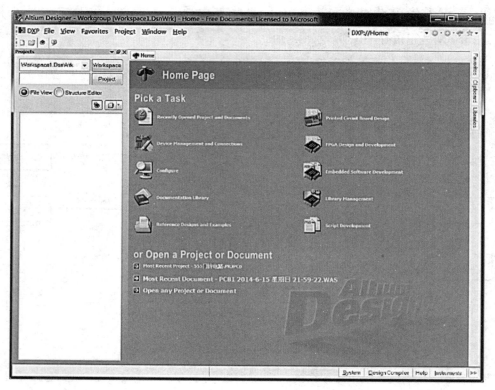

图 2-1-2　Protel 启动后的界面

方法二：单击"开始"按钮，将鼠标指针拖曳至"所有程序"选项，执行"Altium"命令，选择"DXP 2004"选项，启动 Protel。

方法三：双击桌面上的"我的计算机"图标，在打开的对话框中找到硬盘或移动硬盘上已经建立好的项目文件（或原理图文件、PCB 文件等），并打开该文件，从而打开 Protel。

常用的 Protel 退出方法有以下几种。

方法一：单击 Protel 工作界面右上角的"关闭"按钮。

方法二：依次选择"File"→"Exit"命令。

方法三：单击"Protel"标题栏，按"Alt+F4"快捷键。

方法四：双击 Protel 工作界面左上角的"Protel 系统"图标。

任务二 原理图编辑器与原理图库编辑器

做中学

在原理图编辑器中的操作是 Protel 设计的第一个核心设计阶段，部分常用工具栏是绘制电路原理图的基础工具栏。如果绘制较复杂的电路原理图，就要进行原理图库的编辑设计。下面以 555 门铃电路为例，来说明主要操作步骤。

（1）启动 Protel，依次选择"File"→"New"→"Project"→"PCB Project"命令，新建一个设计项目文件，如图 2-1-3 所示。

（2）依次选择"File"→"Save Project"命令，在弹出的对话框中的"文件名"文本框中输入"555 门铃电路"，如图 2-1-4 所示。

图 2-1-3 新建项目文件　　　　图 2-1-4 输入文件名

 特别注释

在保存 Protel 文件时，可以根据个人习惯建立一个较固定的文件夹，今后的相关设计文件全部保存在该文件夹中，这样做便于日后查找和编辑，如图 2-1-4 所示，将项目文件保存在"自己的电路设计"目标文件夹中。

（3）单击"保存"按钮，返回设计界面。新建 555 门铃电路项目文件，如图 2-1-5 所示。

（4）依次选择"File"→"New"→"Schematic"命令，新建一个原理图文件，如图 2-1-6 所示，默认文件名为"Sheet1.SchDoc"。

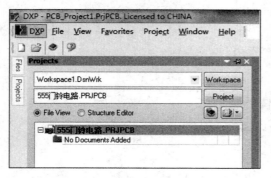

图 2-1-5　新建 555 门铃电路项目文件

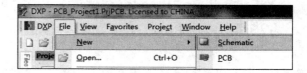

图 2-1-6　新建原理图文件

此时，原理图编辑器工作界面如图 2-1-7 所示。

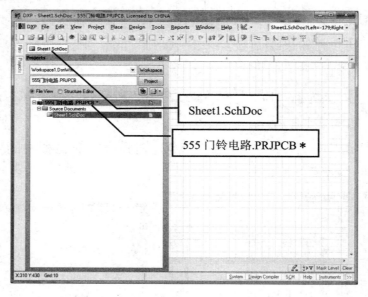

图 2-1-7　原理图编辑器工作界面

😊 **特别注释**

注意如图 2-1-7 所示的标注，"555 门铃电路.PRJPCB"文件名后面多了一个"*"号，它说明这个工程文件有更新，但还没最终保存。

原理图编辑器工作界面工具栏如下。

① "Schematic Standard"（电路原理图标准）工具栏：如图 2-1-8 所示，提供了对原理图文件进行常规操作、视图操作和编辑等操作的工具按钮。其使用方法参见第三单元中的相关操作。

图 2-1-8　"Schematic Standard"工具栏

② "Wiring"（接线）工具栏：如图 2-1-9 所示，提供了建立电路原理图常用的导线、总线、电源连接端口等工具按钮。其使用方法参见第三单元中的相关操作。

③ "Utilities"（公用项目）工具栏：如图 2-1-10 所示，提供了建立电路原理图常用的绘

图、文字工具，接电源和接地的各种电气图形符号，常用电阻、电容、信号源等工具按钮。其使用方法参见第三单元中的相关操作。

图 2-1-9　"Wiring"工具栏

图 2-1-10　"Utilities"工具栏

（5）依次选择"File"→"New"→"Library"→"Schematic Library"命令，新建一个原理图库文件，默认文件名为"Schlib1.SCHLIB"。新建原理图库文件窗口及放大的"Utilities"工具栏如图 2-1-11 所示。其使用方法参见第三单元项目二中的相关操作。

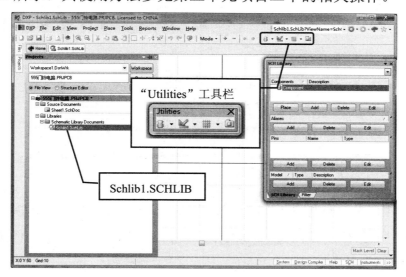

图 2-1-11　新建原理图文件窗口及放大的"Utilities"工具栏

 特别注释

依次选择"View"→"Toolbars"命令，可以进行各个工具栏开关项的控制设置操作。

任务三　PCB 编辑器与库编辑器

第二个核心设计阶段即 PCB 设计，此时必须进入 PCB 编辑器工作界面。PCB 设计主要包括 PCB 环境参数设计、外形规划、元器件布局、电路原理图双向更新、PCB 布线、覆铜等相关设计。

当在系统库中找不到个别元器件的封装时，就可以根据元器件封装参数（引脚尺寸、距离等）设计符合要求的封装库。

做中学

下面以建立 555 门铃电路 PCB 文件为例，来说明主要操作步骤。

（1）启动 Protel，依次选择"File"→"Recent Projects"→"1 D：自己的电路设计\555 门铃电路.PRJPCB"命令，打开已建立的"555 门铃电路.PRJPCB"文件，如图 2-1-12 所示。

（2）依次选择"File"→"New"→"PCB"命令，新建一个 PCB 文件，默认文件名为

"PCB1.PCBDOC"。此时系统将自动打开 PCB 编辑器，如图 2-1-13 所示。

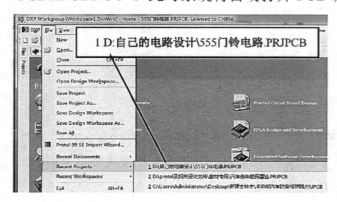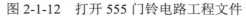

图 2-1-12　打开 555 门铃电路工程文件

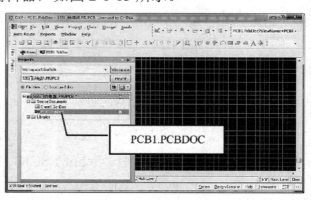

图 2-1-13　PCB 编辑器工作界面

PCB 编辑器工作界面工具栏如下。

① "PCB Standard"（PCB 标准）工具栏：如图 2-1-14 所示，提供了对 PCB 文件进行常规操作、视图操作和编辑等操作的工具按钮。

图 2-1-14　"PCB Standard" 工具栏

② "Wiring" 工具栏：如图 2-1-15 所示，提供了建立 PCB 导线、焊盘、过孔等工具按钮。

③ "Utilities" 工具栏：如图 2-1-16 所示，提供了常用的对 PCB 文件进行画线、元器件布局等操作的工具按钮。

图 2-1-15　"Wiring" 工具栏　　　　图 2-1-16　"Utilities" 工具栏

（3）依次选择 "File" → "New" → "Library" → "PCB Library" 命令，新建一个封装库文件，默认库文件名为 "PcbLib1.PcbLib"。新建的封装库编辑器工作界面如图 2-1-17 所示。

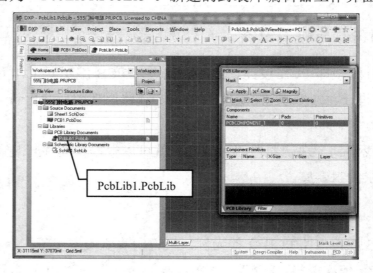

图 2-1-17　新建的封装库编辑器工作界面

封装库编辑器工作界面工具栏如下。

① "PCB Lib Standard"（PCB 标准库）工具栏：如图 2-1-18 所示，提供了对封装库文件进行常规操作、视图操作和编辑操作的工具按钮。

② "PCB Lib Placement"（封装库放置）工具栏：如图 2-1-19 所示，提供了建立封装库常用的导线、过孔、焊盘、文字、圆弧、文件说明等工具按钮。

图 2-1-18　"PCB Lib Standard" 工具栏

图 2-1-19　"PCB Lib Placement" 工具栏

任务四　电路仿真编辑器

电路原理图仿真是 Protel 电路 CAD 系统的重要组成之一。利用 Protel 电路仿真编辑器进行电路仿真，并对仿真结果进行估算、测试和校验，可检验电路的正确性，并验证电路设计的工作指标是否达到了预期标准。

做中学

电路仿真主要操作步骤如下。

（1）建立原理图文件，操作与本项目任务二中建立工程文件的操作相同。

（2）添加具有仿真（Simulation）属性的原理图库。

😊 特别注释

Protel 自带的 "\Library\Simulation" 目录下具有 5 个有仿真属性的原理图库，如表 2-1-1 所示。另外，Miscellaneous devices.INTLIB 原理图库中的元器件也具有仿真属性，详见附录 A 仿真属性说明。

表 2-1-1　5 个有仿真属性的原理图库

系统电路仿真元器件库	库类别
Simulation Math Function.INTLIB	数学函数模块原理图库
Simulation Sources.INTLIB	激励源原理图库
Simulation Special Function.INTLIB	特殊功能模块原理图库
Simulation Transmission Line.INTLIB	传输线原理图库
Simulation Voltage Source.INTLIB	电压源原理图库

（3）绘制电路原理图，并设置元器件的仿真参数。

（4）放置仿真激励源。

（5）设置仿真电路的节点。

（6）启动仿真器，选择仿真方式，设置具体仿真参数。仿真工具栏如图 2-1-20 所示。

图 2-1-20　仿真工具栏

（7）仿真运行，获得仿真结果，进一步分析工作电路，调整和改进电路。

（8）再次仿真运行，直到得到满意的仿真结果，结束仿真调试。

项目二 工程文件相关操作

学习目标

（1）熟悉工作界面的自动隐藏、浮动及锁定控制，会对工作界面中的面板及窗口进行操作。

（2）掌握工程项目文件常规操作，培养严谨的保存文件的设计习惯。

问题导读

一个完整的工程项目文件中一般包含哪些文件

在利用 Protel 进行 PCB 设计的整个过程中，一个完整的工程项目文件会包含多种类型的设计文件，如原理图文件、原理图库文件、网络表文件、PCB 文件、封装库文件、仿真波形文件等。这些设计文件共同构成了文件系统，基于文件系统可完成 PCB 或电路仿真。

知识拓展

常见的 Protel 文件系统

常见的 Protel 文件系统如表 2-2-1 所示。

表 2-2-1 常见的 Protel 文件系统

文件类型	文件扩展名	文件类型	文件扩展名
工程组文件	.DSNWRK	错误规则检查文件	.ERC
设计工程文件	.PRJPCB	PCB 设计规则校验文件	.DRC
原理图文件	.SCHDOC	集成库文件	.INTLIB
PCB 文件	.PCBDOC	仿真生成报表文件	.NSX
文本文件	.TXT	仿真波形文件	.SDF
原理图库文件	.SCHLIB	可编程逻辑器件描述文件	.PLD
封装库文件	.PCBLIB	仿真模型文件	.MDL
电路原理图网络表文件	.NET	支电路仿真文件	.CKT

知识链接

Protel 设计窗口组成

1. 标题栏

Protel 是以窗口形式出现的，在窗口上方是该窗口的相关标题栏，显示的是当前文件的存储位置及名称。

2. 菜单栏

系统初始默认菜单有 7 个——"DXP"、"File"、"View"、"Favorites"、"Project"、"Window"和"Help"。

3．工具栏

工具栏中的每个按钮各对应一个相关操作功能。将鼠标指针拖曳到相应按钮上，停放几秒，屏幕上就会显示当前按钮的功能。

4．工作区面板标签

在编辑器界面的左右两边可以设定几个标签。只要单击其中一个标签，对应的面板就会弹出。

任务一　工作区面板控制

做中学

在 Protel 中，各种编辑环境下的面板将被频繁使用，要熟练操控它。工作区面板的 3 种显示方式及操作方法，如表 2-2-2 所示。

表 2-2-2　工作区面板的 3 种显示方式及操作方法

显示方式	操作方法
自动隐藏方式（默认方式）	在最初进入各种编辑环境时，面板都处于这种方式。如果想显示某一工作区面板，那么将鼠标指针指向相应的标签或单击该标签，相应面板即可自动弹出。单击标题栏就可以锁定该面板显示方式
锁定显示方式	处于该显示方式下的面板始终处于软件窗口左侧固定区域（系统默认位置）
浮动显示方式	单击拖动"Projects"面板标题栏，将它放入软件窗口任意位置（由自己的习惯决定），面板将处于浮动显示方式

例如，当鼠标指针离开"Projects"面板一段时间后，该面板就会自动隐藏，显示与隐藏对比图如图 2-2-1 所示。窗口左边"Projects"面板锁定显示方式如图 2-2-2 所示。

（a）窗口左边显示"Projects"面板　　　（b）"Projects"面板隐藏

图 2-2-1　"Projects"显示与隐藏对比图

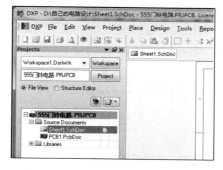

图 2-2-2　窗口左边"Projects"面板锁定显示方式

特别注释

工作区面板可分为两大类。

（1）各种编辑环境下的通用面板，如"Libraries"面板、"Projects"面板。

（2）特定的编辑环境下适用的专用面板，如PCB编辑环境中的"Navigator"面板。

任务二 关闭工程文件

做中学

下面以"555门铃电路.PRJPCB"文件为例，说明关闭打开的工程文件的常用方法。

（1）启动Protel，打开已建立的"555门铃电路.PRJPCB"文件。

（2）右击"Projects"面板中的"555门铃电路.PRJPCB"文件，在弹出的快捷菜单中选择"Close Project"命令，即可关闭该文件，如图2-2-3所示。

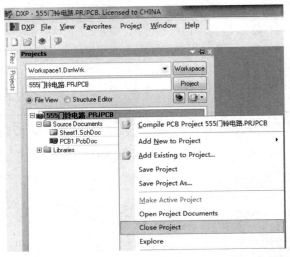

图2-2-3 关闭"555门铃电路.DRJPCB"文件

特别注释

若电路原理图文件、PCB文件等有更新，在选择"Close Project"命令后会弹出确认修改对话框，如图2-2-4所示。

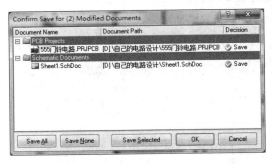

图2-2-4 确认修改对话框

任务三　临时自由文件操作

做中学

当在 Protel 中单独建立的原理图文件、PCB 文件及原理图库文件，或者单独打开这些文件，或者在当前工程项目文件中删除某些文件时，这些文件将成为临时自由文件。在一般情况下，这些临时自由文件存储在唯一的"Free Documents"文件夹中。

例如，删除"555 门铃电路.PRJPCB"工程文件中的"PCB1.PcbDoc"文件，操作步骤如下。

（1）在"Projects"面板中，右击"PCB1.PcbDoc"文件，在弹出的快捷菜单中选择"Remove from Project"命令，如图 2-2-5 所示。

（2）弹出如图 2-2-6 所示对话框，对话框中为"Do you wish to remove PCB1.PcbDoc？"（你希望删除 PCB1.PcbDoc 文件吗？）。

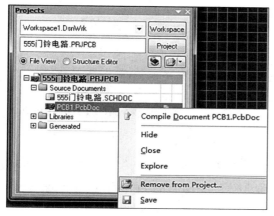

图 2-2-5　选择"Remove from Project"命令

图 2-2-6　对话框

（3）单击"Yes"按钮，"Projects"面板上会自动出现"Free Documents"文件夹，如图 2-2-7 所示。

"Free Documents"文件夹

图 2-2-7　出现"Free Documents"文件夹

😊 特别注释

临时自由文件操作具有临时性与自由性。选中想要添加的临时自由文件，并将它拖放到目标项目文件中即可完成该文件的添加。

教学微课

项目三　个性化设置

学习目标

（1）真正理解文件操作的工作路径，会按要求进行自定义设置。

（2）可以根据设计者的不同习惯，进行个性化设置。

问题导读

什么是个性化设置

在使用 Protel 进行电路设计时，为了更高效地完成工作，可以根据自己设计保存文件的习惯，进行个性化设置，通常包括修改系统参数、设定文件自动备份、自定义工具栏和快捷键等。

知识拓展

Protel 系统参数的设置

单击"DXP"菜单项，选择"Preferences"（系统参数）命令，弹出"Preferences"（系统参数设置）对话框。该对话框中包含九个目录项，如图 2-3-1 所示。例如，在"DXP System"的子目录中可以分别设置"General"（常规参数）、"View"（视图参数）、"Transparency"（透明度参数）、"Navigation"（导航）、"Backup"（备份）、"Projects Panel"（项目选项）等系统参数。

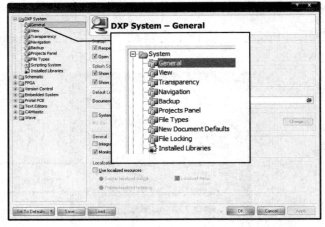

图 2-3-1　"Preferences"对话框

知识链接

常规参数设置

常规参数主要用来设置系统或编辑器的一些特性，通常对以下几个选项进行设置。

（1）在"Startup"选区中有一个"Reopen last project group"复选框，用来选择在 Protel 启动时是否自动打开上次打开的工程组。

（2）"Splash Screens"选区包含"Show DXP startup screen"和"Show product splash screens"

两个复选框，分别用来设置系统和各编辑器在启动时是否显示启动画面。

（3）"Localization"选区包含一个"Use Localized resources"（使用本地汉化资源）复选框。若勾选此复选框，则在下一次启动 Protel 时将显示中文菜单的 Protel，如图 2-3-2 所示。

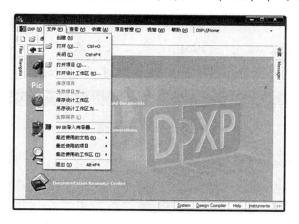

图 2-3-2　中文菜单的 Protel

任务一　存储路径设置操作

做中学

设置自己的文件存储路径，以便进行设计操作。存储路径设置的具体操作步骤如下。

（1）单击"DXP"菜单项，选择"Preferences"命令，在弹出的"Preferences"对话框中选择"General"选项。

（2）在"Default Locations"选区中，单击"Document Path"文本框后的"打开"按钮，将文件存储路径设置到"自己的电路设计"文件夹即可，如图 2-3-3 所示。

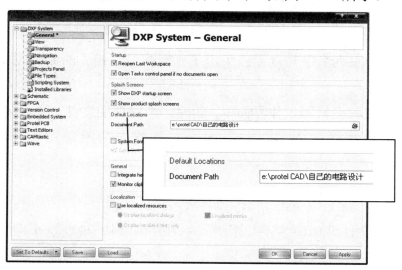

图 2-3-3　存储路径设置操作

任务二　文件自动备份操作

做中学

作为经常要进行文件编辑的操作人员，及时备份文件是十分重要且必要的。Protel 有文件自动备份功能，并且可指定文件的存储路径。

激活文件自动备份功能的具体操作步骤如下。

（1）单击"DXP"菜单项，选择"Preferences"命令，在弹出的"Preferences"对话框中选择"Backup"选项，进入文件备份参数设置对话框。

（2）在"Auto Save"（自动保存）选区中，勾选"Auto save every"复选框，激活文件的自动备份功能。默认系统备份时间是 30min；备份文件数目是 5 个；默认路径是\Documents and Settings\Administrator\Application Data\Altium2004_SP2\Recovery\，如图 2-3-4 所示。

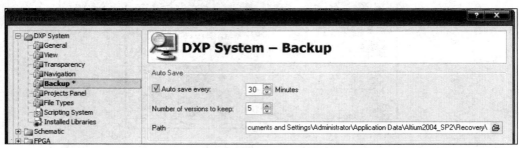

图 2-3-4　文件自动备份操作

▶ 技能重点考核内容小结

（1）掌握 Protel 多种启动和退出方法。
（2）掌握原理图文件及原理图库的建立方法。
（3）掌握 PCB 文件及封装库的建立方法。
（4）掌握项目文件的常规操作方法，会对相关文件进行自定义设置。

▶习题与实训

一、填空题

1．Protel 自带一系列名字与世界各大电子制造商名字相关的原理图库，存储在\Altium_____目录下。

2．在 Protel 原理图编辑器工作界面中，新建一个原理图文件，默认文件名为_____。

3．在 Protel 原理图编辑器工作界面中，新建一个原理图库文件，默认文件名为_____。

二、选择题

1．当某个项目文件名后面多了一个"_____"时，说明这个项目文件有更新，但还没最终保存。

    A．&   B．#   C．*   D．@

2．在 Protel 原理图编辑器工作界面依次选择"File"→"New"→"Library"→"Schematic Library"命令，新建一个原理图库文件，默认库文件名为_____.SCHLIB。

    A．SCHLIB   B．SCHLBI   C．SCHLIB1   D．SCHLBI1

三、判断题

1．数学函数模块原理图库是"Simulation Special Function.INTLIB"。（　　）

2．当在系统库中不能找到某元器件的封装时，可以自己设计该元器件的封装。（　　）

3．双击"DXP"菜单项，选择"Preferences"命令，弹出"Preferences"对话框。

（　　）

四、简答题

简述 Protel 两大基本原理图库的组成。

五、实训操作

实训2.1　常用原理图库的添加与删除

1．实训任务

（1）掌握常见 NE555 所在原理图库的添加方法（参考教材中的库引用）。

（2）掌握原理图库的删除方法。

2．任务目标

（1）理解并掌握添加原理图库的步骤。

（2）熟悉多余原理图库的删除方法。

（3）培养学生独立思考问题、解决实际操作问题的能力。

3．电路原理图设计准备

可以自行设计，也可以参考《电子技术基础与技能》《模拟电路》《数字电路》等教材中涉及的基本的电路原理图。例如，如图 2-1 所示的 NE555 门铃电路原理图。

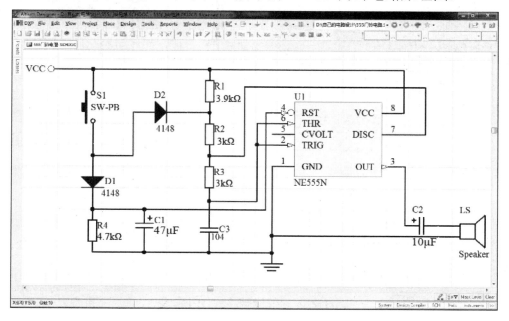

图 2-1　NE555 门铃电路原理图

4．主要操作过程

（1）添加库：主要步骤为单击"System"标签，选择"Libraries"选项，单击"Install"按钮添加相关库。通过库目录，打开 NE555（DIP8——双列直插式封装）所在的原理图库。

😊 **特别注释**

确定电路原理图设计需要使用的集成电路的方法将在下一单元进行详细介绍。

图2-2～图2-5所示为主要操作核心对话框或窗口。

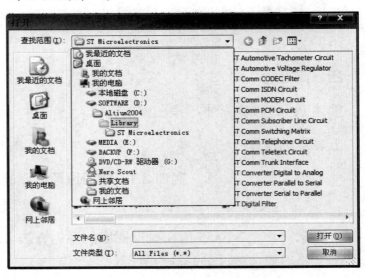

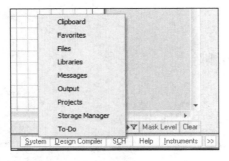

图2-2 标签"System"中的各选项

图2-3 打开目标库目录

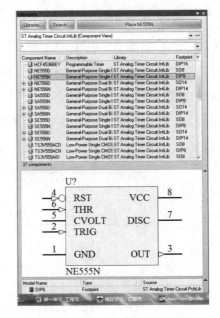

图2-4 选择"ST Analog Timer Circuit"选项

图2-5 NE555预览效果图

（2）删除库：是添加库的逆向操作过程。打开"Libraries"对话框，选中已经存在的待删除的原理图库，单击"Remove"按钮即可完成删除操作。

实训2.2 存储路径的自定义

1. 实训任务

（1）以学号为指定存储文件夹名（统一指定逻辑驱动器为E盘）。

（2）进一步熟悉关于相关操作用到的专业英文单词或词组。

2．任务目标

（1）理解并掌握存储路径设置步骤。

（2）熟悉存储路径设置操作中用到的英文单词。

（3）加强学生努力学习、克服困难的意识。

3．"学号"文件夹设计准备

例如，把"E:\10010020"作为文件存储路径。

4．主要操作过程

可以安排在第一次上机——熟悉 Protel 环境时进行这个实训，统一设置，便于以后存储设计文件。

第二单元实训综合评价表

班级		姓名		PC 号		学生自评成绩	
考核内容			配分	重点评分内容			扣分
1	"Miscellaneous Devices""Connectors"两个基本原理图库的删除		15	准确打开这两个原理图库，路径清楚，操作正确			
2	"Miscellaneous Devices""Connectors"两个基本原理图库的添加		15				
3	"ST Analog Timer Circuit.INTLIB"原理图的添加，绘制555门铃电路原理图		20	根据教材进行学习，思路清晰，掌握原理图文件建立、基本编辑、保存的操作方法，设计到位			
4	设置文件存储路径，如"E:\10010020"		15	具体内容输入正确，操作窗口设置正确			
5	设置文件自动备份时间为20min		15	☑ Auto save every: 20 Minutes 英文选项设置正确			
6	设置备份文件数目为5		10	Number of versions to keep: 5 英文选项设置正确			
反馈	完成操作是否顺利		5	—			
	操作是否存在问题		5	—			
教师综合评定成绩				教师签字			

第三单元　工程项目电路原理图操作基础

学会 Protel 电路原理图图纸及其工作环境参数的设置。掌握红外热释电报警器电路原理图的绘制方法，完成绘制原理图库的操作。熟练掌握元器件的添加、搜索、放置、电气连线等操作，理解并掌握元器件集群编辑操作，并能对绘制成的电路原理图进行检查、修正，并生成网络表。

岗位技能综合职业素质要求

1. 掌握电路原理图图纸及工作环境参数的设置方法。
2. 熟练进行原理图库的添加、关闭等操作。
3. 掌握在原理图库文件中绘制新的库元器件的操作方法。
4. 掌握搜索元器件、修改元器件属性等操作的方法。
5. 熟悉电路原理图的检查规则并掌握修正电路原理图的方法。
6. 能进行电路原理图文档及相关报表的打印输出。

核心素养与课程思政目标

1. 加强电路原理图设计相关信息意识，培养模式识别思维。
2. 增强软件中的英文识别与软件应用能力。
3. 提高独立思考能力，培养严谨做事思维。
4. 学会使用原理图库，强化应用意识，强化电气连接信息意识。
5. 熟练掌握库编辑操作，培养符合社会主义核心价值观的审美标准。
6. 爱岗敬业，增强职业道德感，努力学习，大力弘扬工匠精神。
7. 强化电子技术信息社会责任。
8. 贯彻党的二十大精神，自觉践行社会主义核心价值观。

项目一　红外热释电报警器电路原理图绘制准备

学习目标

（1）熟悉电路原理图设计的准备工作，会设置图纸尺寸、方向等。
（2）熟悉图纸的两种模式，以及栅格具体参数的设置操作。
（3）熟悉并掌握搜索、添加元器件及原理图库的操作过程。

● 问题导读

如何绘制一张理想的电路原理图

真正绘制一张理想的电路原理图要具备多方面知识，不仅要熟悉电路及其原理、元器件的参数、电气图形符号，还要尽可能多地熟悉各元器件厂商的元器件外形及引脚封装等。图 3-1-1（a）所示为红外热释电报警器元器件散件实物图。图 3-1-1（b）所示为红外热释电报警器部分元器件在原理图库中的电气图形符号。更多内容详见附录 A 和附录 B。

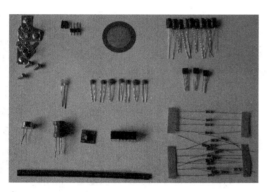

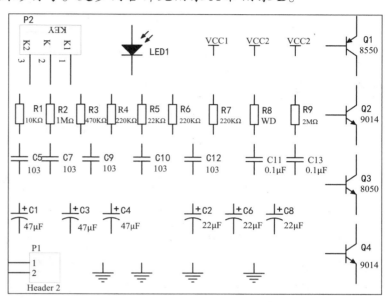

（a）红外热释电报警器元器件散件实物图　　　　（b）红外热释电报警器部分元器件在原理图库中的电气图形符号

图 3-1-1　红外热释电报警器元器件散件实物图与在原理图库中的电气图形符号

● 知识拓展

设计电路原理图的常规流程

设计电路原理图的常规流程如图 3-1-2 所示。

打开 Protel，先新建一个工程文件后再设计电路原理图，当然并不是一定要在建立工程文件后才可以建立原理图文件；也可以直接绘制电路原理图，建立一个自由的原理图文件，此文件可被加入任何项目。在只想画出一张电路原理图备用或练习时，这样操作显得比较灵活方便。

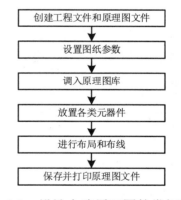

图 3-1-2　设计电路原理图的常规流程

● 知识链接

电路原理图编辑就是使用元器件的电气图形符号，以及绘制电路原理图所需的导线、端口等绘图工具来描述电路系统中各元器件之间的连接关系，使用的是一种符号化、图形化的语言。

例如，用 Protel 绘制的单管分压式偏置负反馈放大电路原理图如图 3-1-3 所示。

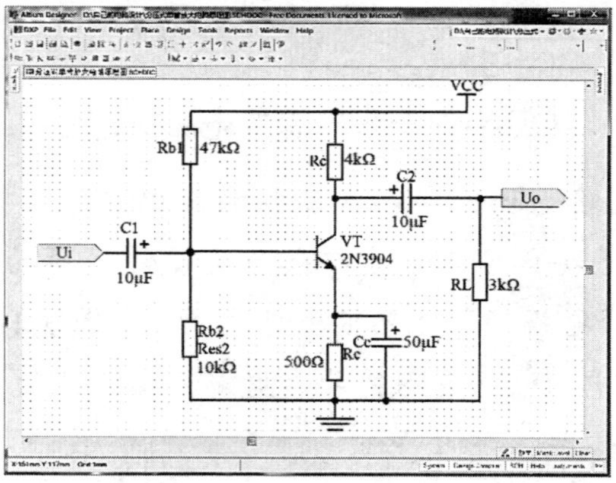

图 3-1-3　用 Protel 绘制的单管分压式偏置负反馈放大电路原理图

任务一　电路原理图图纸设置

做中学

（1）依次选择“File”→“New”→“Project”→“PCB Project”命令，建立工程文件并保存在“自己的电路设计”文件夹下，并将该文件命名为“红外热释电报警器”，如图 3-1-4 所示。

（2）依次选择“File”→“New”→“Schematic”命令，项目窗口中出现了名为“Sheet1.SchDoc”的文件，同时在右边打开了“Sheet1.SchDoc”文件。

（3）依次选择“File”→“Save”命令，弹出如图 3-1-5 所示的对话框，将该文件命名为“红外热释电报警器”，单击“保存”按钮。

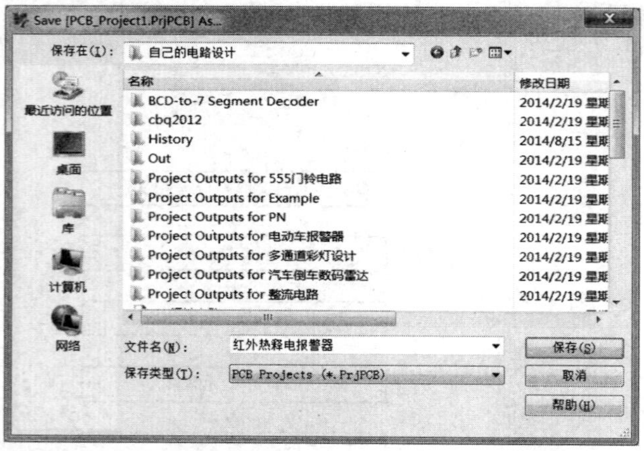

图 3-1-4　红外热释电报警器项目文件保存对话框

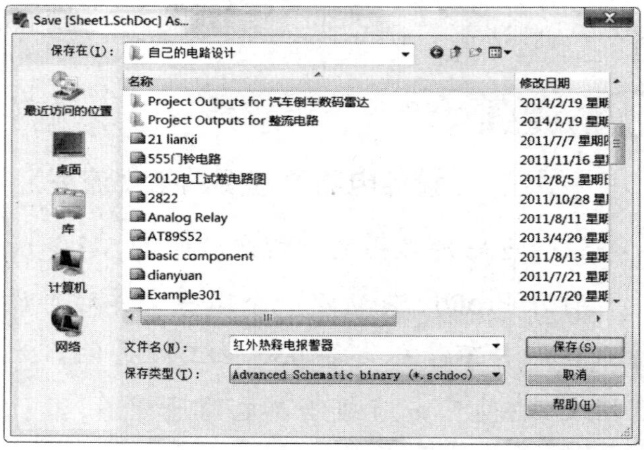

图 3-1-5　红外热释电报警器电路原理图保存对话框

（4）图纸设置均可在“Document Options”对话框中完成。依次选择“Design”→“Document Options”命令，打开“Document Options”对话框，如图 3-1-6 所示。

（5）打开“Sheet Options”选项卡设置图纸型号，单击“Standard styles”（标准类型）下拉按钮，将出现 Protel 支持的图纸类型，拖动滚条可以显示下面的图纸类型，单击“A4”选项。

（6）在“Options”选区中，单击“Orientation”（方向）下拉按钮，对图纸的方向进行设置。该下拉列表包括“Landscape”（横向）和“Portrait”（纵向）两个选项。

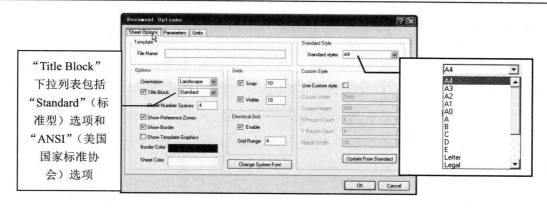

图 3-1-6 "Document Options" 对话框

（7）设置图纸标题栏。标题栏是图纸说明的重要组成部分。"Title Block"下拉列表包括"Standard"和"ANSI"两个选项，这两个选项对应的标题栏模式如图 3-1-7 所示。

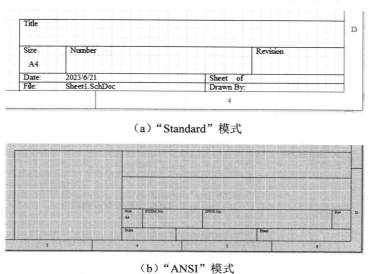

（a）"Standard"模式

（b）"ANSI"模式

图 3-1-7 两种标题栏模式

任务二 修改栅格设置

做中学

（1）在"Document Options"对话框中的"Sheet Options"选项卡中，通过勾选"Grids"选区中的"Snap"（捕获栅格）复选框和"Visible"（可视栅格）复选框，可以对图纸的捕获栅格和可视栅格的精确数值进行设置。这里将"Snap"值设置为"10"，将"Visible"值设置为"20"，如图 3-1-8（a）所示。

（2）在"Electrical Grid"（电气栅格）选区中对图纸上快速定位电气节点进行设置，勾选"Enable"复选框，启动该功能，在"Grid Range"文本框中输入"5"，如图 3-1-8（b）所示。

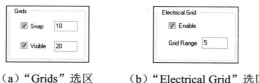

（a）"Grids"选区 （b）"Electrical Grid"选区

图 3-1-8 栅格数值和电气节点设置

特别注释

① "Snap" 选项：可以使设计者快速且准确地捕捉元件。

② "Visible" 选项：可以使设计者对电路原理图的尺寸有一个整体把握。

③ "Electrical Grid" 选区：电气特性意义最重要，设置该项后系统在绘制导线时会以设定的 "Grid Range" 值为半径，以鼠标指针当前位置为圆心，向周围搜索电气节点。如果有，就近将鼠标指针移动到该节点上，并显示一个小圆黑点，其本质是为各种有关电气特性的操作提供便利。

（3）设置可视栅格为点型。依次选择 "Tools" → "Schematic Preferences" 命令，打开 "Preferences" 对话框，如图 3-1-9 所示。单击 "Schematic" 目录下的 "Grids" 选项，将 "Visible Grid" 设置为 "Dot Grid"（点型），并将 "Grid Color" 值设置为 "3"。

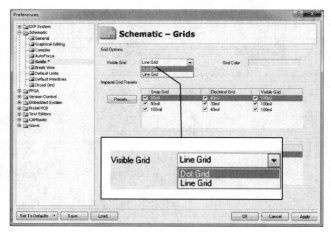

图 3-1-9　"Preferences" 对话框

（4）单击 "OK" 按钮，各项设置完成，部分环境参数设置完成的电路原理图工作界面如图 3-1-10 所示。

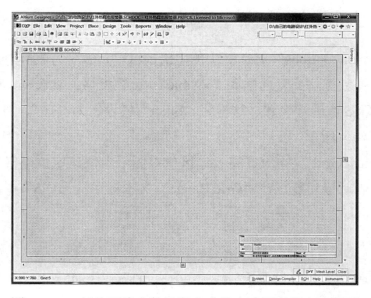

图 3-1-10　部分环境参数设置完成的电路原理图工作界面

（5）单击常用工具栏中的"保存"按钮，将设置的部分环境参数及时保存到文件中。

任务三　搜索添加元器件及原理图库操作

做中学

（1）在开始设计电路原理图之前，需要先找到元器件所在的库，即原理图库。我们必须注意两个基本原理图库，一个是常用分立元器件原理图库"Miscellaneous Devices.INTLIB"，包含了一般常用的基本元器件图形符号；另一个是接插件库"Miscellaneous Connectors.INTLIB"，包含了一般常用的接插件图形符号。

（2）红外热释电报警器电路原理图中的大部分元器件为基本元器件，从基本原理图库中选择电阻、瓷片电容、电解电容、电感、二极管、NPN 或 PNP 三极管等添加放置即可。通常有如下两种放置方法。

方法一：通过"Libraries"面板放置。

① 打开"Libraries"面板，操作方法与前文相同，确定要使用的基本原理图库"Miscellaneous Devices.INTLIB"已添加。

例如，放置 LED，将鼠标指针移动到 LED 图形符号区域，找到后单击，单击"Place LED0"按钮，将鼠标指针拖曳到合适的位置单击，元器件将被放置在鼠标指针停留的位置，此时拖曳鼠标指针并单击还可以继续放置该元器件，完成放置后右击，鼠标恢复正常状态，结束这个元器件的放置。在"Miscellaneous Devices.INTLIB"中选取"LED0"的操作如图 3-1-11 所示。

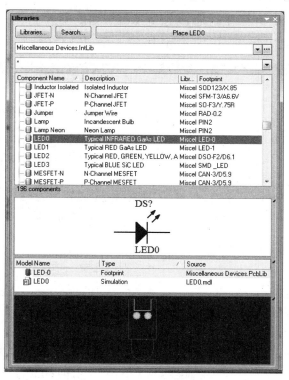

图 3-1-11　选取"LED0"

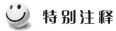 特别注释

在键盘上按"Esc"键可以退出元器件放置状态。

　　在将鼠标指针移动到电路原理图目标位置时，按"Tab"键可以进行相关选项参数快捷设置。图 3-1-12 所示为按"Tab"键打开"LED0"的"Component Properties"对话框，把"Properties"选区中的"Designator"（标号）文本框中的"DS?"修改为"DS1"，之后重复放置 LED，会自动添加其编号，从而提高编辑效率。

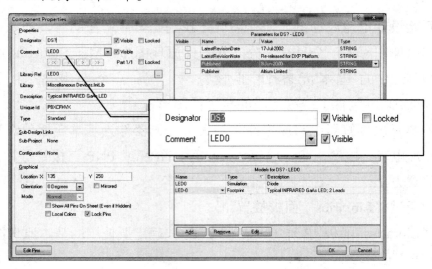

图 3-1-12　　"LED0"的"Component Properties"对话框

　　② 同理，在放置电阻、电解电容、瓷片电容、PNP 或 NPN 三极管等元器件时，双击电气图形符号或在元器件处于悬浮状态时按"Tab"键，即可打开"Component Properties"对话框。图 3-1-13 所示为电阻的"Component Properties"对话框。

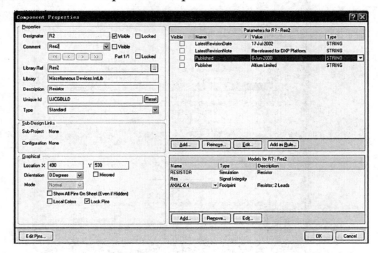

图 3-1-13　电阻的"Component Properties"对话框

　　③ 在"Designator"文本框中输入"R2"，并勾选"Visible"复选框，此项就可以在电路原理图中显示出来。"Comment"选项是对这个电阻的说明，不勾选后面的复选框，则表示该电阻的说明不在电路原理图中显示。在"Parameters for R?-Res2"（扩展属性）选区中单击 Edit... 按钮，弹出"Parameter Properties"对话框，在"Name"选区中的文本框中输入"Value"，在 Value 选区中的文本框中将原来的"1k"改为"10k"，并勾选文本框下面的"Visible"复选框，如图 3-1-14 所示。

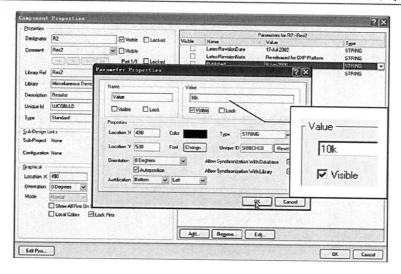

图 3-1-14 电阻 Value 设置框

④ 依次单击各对话框中的"OK"按钮就可以完成电阻阻值的设置。

⑤ 其他元器件属性的设置和电阻属性的设置一样。元器件属性设置完成以后，按住鼠标左键拖动元器件进行摆放，使电路原理图布局较美观。修改属性并摆放后的电路原理图如图 3-1-15 所示。

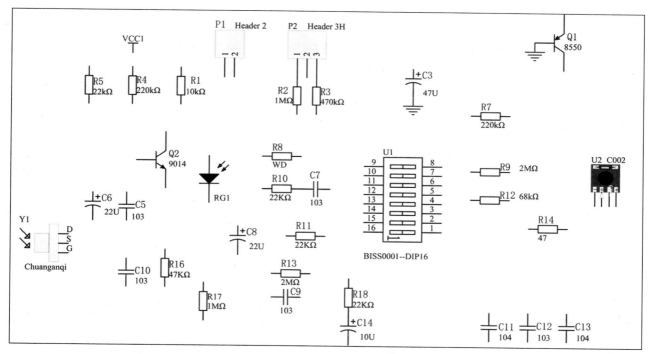

图 3-1-15 修改属性并摆放后的电路原理图

方法二：通过菜单放置。

① 依次单击"Place"→"Part"命令，或者利用快捷键"P"打开如图 3-1-16 所示的"Place Part"（放置元器件）对话框，将"Designator"修改为"R1"。

② 单击"OK"按钮，将鼠标指针移至图纸上，能看到"R1"的虚影随着鼠标指针移动，单击，就可以将"R1"放置在当前位置，再次单击可以放置"R2"，序号自动递增。

③ 右击，即可完成当前电阻的放置，并且重新回到如图 3-1-16 所示的"Place Part"对话框。

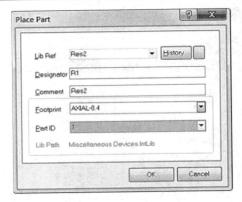

图 3-1-16 "Place Part" 对话框

④ 单击"Cancel"按钮，退出电阻放置状态。

☺ **特别注释**

（1）"Comment"文本框用来设置元器件上的注释文字，可以省略。

（2）"Footprint"下拉列表用来选择元器件封装类型，此电阻封装默认为"AXIAL-0.4"。相关封装技术详见后续单元内容介绍、附录 A 和附录 B。

⑤ 同理放置其他元器件（必须是当前原理图库内包含的元器件）。

（3）下面以 NE555 为例进行介绍，搜索并将 NE555 添加到库文件列表中，以完成 555 门铃电路（第二单元课后习题）的设计，具体操作步骤如下。

① 打开"Libraries"面板，单击"Search"按钮，如图 3-1-17 所示，即可进入如图 3-1-18 所示的"Libraries Search"（搜索元器件及库）对话框。

图 3-1-17 单击"Libraries"面板上的"Search"按钮　　图 3-1-18 "Libraries Search"对话框

② 在对话框上方的编辑区中输入关键词"NE555"，并选中"Libraries on path"单选按钮，单击"Search"按钮，开始搜索，并从该对话框自动切换到"Libraries"面板，搜索结果如图 3-1-19 所示。

③ 在如图 3-1-17 所示的面板上，从搜索到的"NE555"列表中找到采用双列直插封装的"NE555N"对应的库文件"ST Analog Timer Circuit.IntLib"并单击。之后单击"Place NE555N"按钮，弹出如图 3-1-20 所示的添加该库文件的提示对话框，单击"Yes"按钮即可。

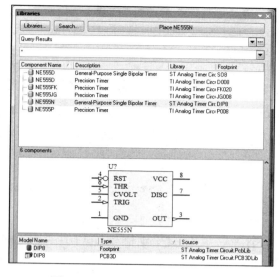

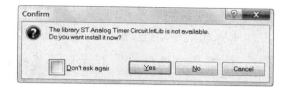

图 3-1-19 "NE555"搜索结果

图 3-1-20 添加"ST Analog Timer Circuit.IntLib"库文件的提示对话框

 特别注释

在搜索关键字时可以使用"*"和"？"这两个通配符，这样可以使搜索更快捷，与在 Protel 环境下的语句"（Name like '*NE555*'）or （Description like '*NE555*'）"等同。

项目二 红外热释电报警器电路原理图元器件及库编辑操作

学习目标

（1）通过基本电路原理图的编辑操作，掌握多个元器件对齐排列布局操作方法。
（2）熟悉并掌握多个元器件集群编辑的操作方法。
（3）掌握原理图库设计操作方法。

问题导读

电路原理图编辑如何提速

本项目中的红外热释电报警器电路元器件不太多，电路不太复杂，具有同类元器件较多（如电阻、瓷片电容、电解电容等）的特点，逐个编辑元器件比较烦琐，编辑操作效率低。在全国计算机信息高新技术考试"计算机辅助设计 OSTA（Protel 平台）"考题中，关于电路原理图编辑操作有如下要求——按照××图编辑元器件标号、元器件类型、端口和网络标号等。

- 重新设置所有元器件标号，字体为宋体，大小为 12 号。
- 重新设置所有元器件类型，字体为黑体，大小为 15 号。
- 重新设置所有网络标号，字体为黑体，大小为 14 号。

这些要求如何才能又快又好地完成呢？

○ 知识拓展

解决思路、掌握方法

关于元器件的一些基本操作，如选取、取消、复制、剪切、粘贴、旋转、删除等，直到这里本教材也没有进行详细介绍。其实，对设计者而言，这些操作就是要培养相关知识拓展应用能力，通常有Windows、Office（WPS）软件操作基础就够了。要解决的是思路，要掌握的是方法，真正做到触类旁通。

第一，操作要有对象，即选取很重要。单击目标对象即可选择对象，当然也可以再单击其他空白处取消选取，也可以拖动鼠标选取多个对象。

第二，接下来要做什么？移动——直接拖动，复制——"Ctrl+C"快捷键，剪切——"Ctrl+X"快捷键，删除——"Del"键。

第三，粘贴——"Ctrl+V"快捷键。此时元器件跟随鼠标指针一起移动，在目标位置单击即可完成放置。

第四，旋转元器件方向。通常是在元器件跟随鼠标指针一起移动时，每按"Space"键一次即可使元器件逆时针旋转90°。特别注意：此操作要在关闭中文输入法的状态下完成。

○ 知识链接

编辑升级

（1）将鼠标与"Shift"键配合使用，可以选取多个对象。

（2）依次选择"Edit"→"Select"→"Inside Area"命令，可以框选多个元器件。还可以通过依次选择"Edit"→"Move"命令来同时移动这些元器件。

（3）同理，依次选择"Edit"→"Deselect"→"Inside Area"命令，可以框选多个取消选取的元器件，再次单击，即可取消元器件的选取。

（4）旋转元器件方向：在元器件跟随鼠标指针一起移动时，每按一次"Space"键，就可以使元器件逆时针旋转90°；每按一次"X"键，就可以使元器件进行一次水平翻转；每按一次"Y"键，就可以使元器件垂直翻转一次。

（5）剪切：按"E+T"快捷键或依次选择"Edit"→"Cut"命令。

图3-2-1　"Setup Paste Array"对话框

（6）复制：按"E+C"快捷键或依次选择"Edit"→"Copy"命令。

（7）粘贴：按"E+P"快捷键或依次选择"Edit"→"Paste"命令。注意修改元器件标号、网络标号。

（8）阵列粘贴：依次选择"Edit"→"Paste Array"命令，打开如图3-2-1所示的对话框，通过设置该对话框中的选项，可以实现一次粘贴多个对象，而且在粘贴过程中，元器件标号和粘贴次数会按设置自动修改。

😊 **特别注释**

在如图 3-2-1 所示的"Setup Paste Array"对话框中，"Placement Variables"（放置变量）选区中有三个选项。

- "Item Count"（对象计数）文本框：设置阵列在粘贴时复制对象的个数。
- "Primary Increment"（主增量）文本框：设置元器件标号自动增加值。
- "Secondary Increment"（次增量）文本框：与设置主增量一样，设置元器件序号增加值。

"Spacing"（间距）选区中有两个选项。

- "Horizontal"（水平）文本框：设置阵列粘贴对象之间的水平距离。
- "Vertical"（垂直）文本框：设置阵列粘贴对象之间的垂直距离。

选取复制"R1"后依次选择"Edit"→"Paste Array"选项，在打开的"Setup Paste Array"对话框中将"Item Count"设置为"4"，将"Primary Increment"设置为"1"，将"Secondary Increment"设置为"0"；将"Horizontal"设置为"30"，将"Vertical"设置为"0"，进行两次阵列粘贴的效果如图 3-2-2 所示。

在进行阵列粘贴时，按"E+F+Y"快捷键或单击图形工具栏中的按钮，相当于依次选择"Edit"→"Paste Array"命令。

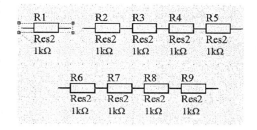

图 3-2-2　两次阵列粘贴的效果

任务一　元器件对齐排列布局操作

做中学

为了进一步规范和美化电路原理图中元器件的摆放，Protel 提供了一系列用于元器件排列和对齐的命令。

（1）通过依次选择"Edit"→"Align"菜单项中的子菜单命令来完成元器件的对齐排列，如图 3-2-3 所示。

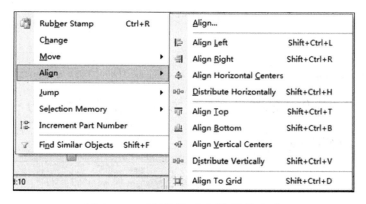

图 3-2-3　元器件对齐的菜单命令

特别注释

元器件对齐排列相关项的含义如表 3-2-1 所示。

表 3-2-1　元器件对齐排列相关项的含义

含义	命令	含义	命令
① Align Left	左对齐	⑤ Align Top	顶端对齐
② Align Right	右对齐	⑥ Align Bottom	底端对齐
③ Align Horizontal Centers	水平方向居中对齐	⑦ Align Vertical Centers	垂直方向居中对齐
④ Distribute Horizontally	水平均匀分布	⑧ Distribute Vertically	垂直均匀分布

依次选择"Align"→"Align…"命令，弹出如图 3-2-4 所示的"Align Objects"对话框。其中"Options"选项卡包含两个区域，其含义参考表 3-2-1。

图 3-2-4　"Align Objects"对话框

（2）执行元器件的顶端对齐操作。

① 选中需要顶端对齐的对象，如图 3-2-5 所示。

② 依次选择"Edit"→"Align"→"Align Top"命令，效果如图 3-2-6 所示。

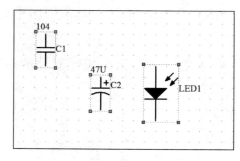
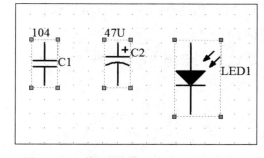

图 3-2-5　选中对象　　　　　图 3-2-6　执行顶端对齐命令后的效果

（3）其他对齐方式的操作方法与以上菜单中的相关各命令操作方法相同。

任务二　元器件集群编辑操作

做中学

在电路原理图的绘制及编辑修改过程中，常常希望对某些具有相同特性的电气图形符号（如导线、元器件、焊盘、过孔等），能通过一次操作完成特定的编辑，以大大提高 PCB 设计效率，并在考试时节省宝贵时间，如本项目"问题导读"中提到的全国计算机信息高新技术考试"计算机辅助设计 OSTA（Protel 平台）"考题关于电路原理图编辑操作的要求。

下面来完成本项目"问题导读"中提到的电路原理图编辑操作要求：重新设置所有元器件标号，字体为宋体，大小为 12 号。

（1）依次选择"Edit"→"Find Similar Objects…"命令，鼠标指针变成十字形，将鼠标指针移动到工作界面中电阻 R1 的标号"R1"上，如图 3-2-7 所示。

（2）单击，打开如图 3-2-8 所示的"Find Similar Objects"（查找相似对象）对话框。

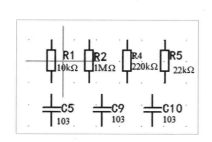

图 3-2-7　选取电阻 R1

图 3-2-8　"Find Similar Objects"对话框

（3）将该对话框中的"Graphical"下拉列表"FontId"选项后的第二个参数"Any"改为"Same"，并且勾选"Select Matching"复选框，以确保所有与电阻相同的元器件标号都被选中。

（4）单击"Apply"按钮，系统按照设定的参数对当前电路原理图中的元器件进行查找，查找效果窗口如图 3-2-9 所示。

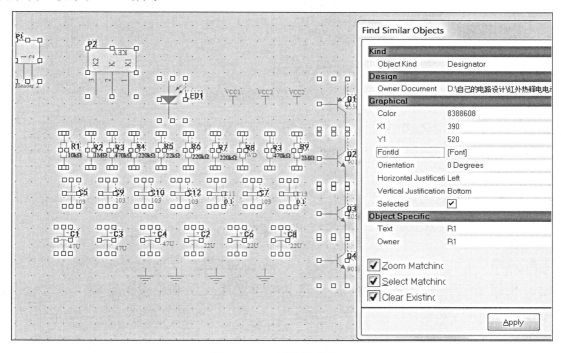

图 3-2-9　查找效果窗口

（5）单击"OK"按钮退出该对话框，系统自动弹出"Inspector"面板，如图 3-2-10 所示。

（6）选取图 3-2-10 中的"FontId"选项，单击 ┉ 字体设置按钮，即可弹出"字体"对话框，设置"字体"为"宋体"，"字形"为"常规"，"大小"为"12"，如图 3-2-11 所示。

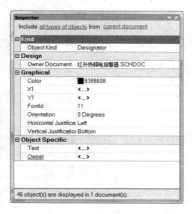

图 3-2-10 "Inspector"面板   图 3-2-11 "字体"对话框

（7）单击"确定"按钮，返回"Inspector"面板，此时"FontId"文本框中显示为"12"，单击"Inspector"面板上的"关闭"按钮。此时电路原理图中的其他元器件处于浅色状态，如图 3-2-12 所示。

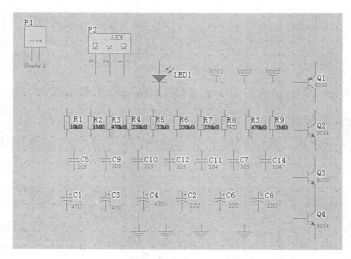

图 3-2-12 元器件集群编辑后的效果图

（8）单击右下角状态栏中的"Clear"按钮或按"Shift+C"快捷键，窗口恢复至正常显示状态，可以看到所有元器件标号已经按要求修改完成。

任务三 创建原理图库文件

做中学

在实际电路设计中，初学者经常会碰到个别元器件没有原理图库（没有找到其原理图库或真的没有原理图库）的情况。这时需要自制原理图库，以满足设计需要，此过程就是新建原理图库操作。

下面创建红外热释电报警器电路原理图中的大功率电感 L1 对应的原理图库，操作步骤如下。

（1）启动 Protel，打开"红外热释电报警器.PRJPCB"工程文件。

（2）依次选择"File"→"New"→"Library"→"Schematic Library"命令，新建原理图库将自动保存在工程文件下，如图 3-2-13 所示。

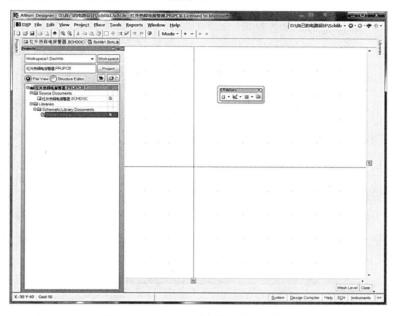

图 3-2-13　新建的原理图库窗口

（3）单击"Utilities"工具栏中的下拉按钮，在下拉列表中选择"Place Elliptical Arcs"按钮，如图 3-2-14 所示。

（4）按"Tab"键，弹出"Elliptical Arc"对话框，设置"X-Radius"为"10"；设置"Y-Radius"为"10"；设置"Line Width"为"Small"；设置"Start Angle"为"270"；设置"End Angle"为"90"，如图 3-2-15 所示。设置完成后，单击"OK"按钮，移动鼠标指针到适当的位置，连续单击 5 次以确定椭圆弧的中心位置、起始角度、终止角度、纵轴半径和横轴半径（注意在这个过程中不要移动鼠标），这时一个符合设置要求的椭圆弧就绘制好了，结果如图 3-2-16 所示。

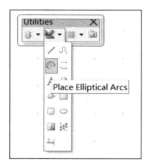
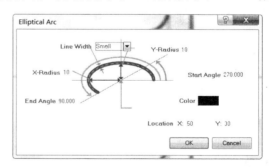

图 3-2-14　选择"椭圆弧绘制"按钮效果图　　　图 3-2-15　"Elliptical Arc"对话框

（5）在刚刚绘制好的椭圆弧下方连续绘制 3 个同样的椭圆弧，结果如图 3-2-17 所示。

图 3-2-16　绘制好一个椭圆弧　　　　图 3-2-17　绘制好的一列椭圆弧

（6）单击"Utilities"工具栏中的下拉按钮，在下拉列表中选择"Place Pin"按钮，绘制电感引脚，根据位置绘制 3 个引脚，其引脚长度为默认值，30mil，效果如图 3-2-18 所示。

（7）单击"Utilities"工具栏中的 下拉按钮，在下拉列表中选择 ╱ "Place Line"按钮，绘制电感线芯，根据位置绘制一根，效果如图 3-2-19 所示。

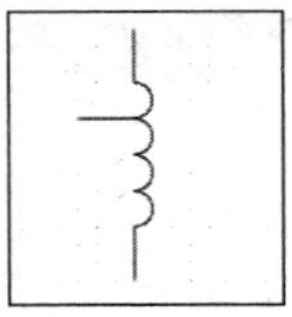

图 3-2-18　绘制电感引脚效果 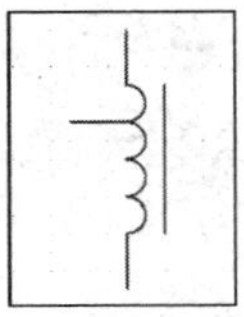　　　　图 3-2-19　绘制电感线芯效果

（8）依次选择"File"→"Save"命令，将创建的原理图库命名为"L1"。

（9）同理绘制红外热释电传感器头（DSG）的原理图库，具体不再详述。

（10）自制报警音乐芯片 U2-C002 的原理图库（市场上种类很多，这里采用报警音乐芯片 C002），通过添加该原理图库，将 U2-C002 放置到红外热释电报警器电路原理图中。此 U2-C002 原理图库的实训操作详见本单元习题与实训中的实训五——自制原理图库 C002。

😊 **特别注释**

单击窗口右下角的"SCH"标签，激活"SCH Library"（原理图库编辑器）面板。在原理图符号列表中选中"component_1"选项，这也是系统默认的元器件名称，单击"Edit"按钮，在对话框中将其命名为"L1"。

对于核心芯片 BISS0001，可以用双排 16 引脚的元器件图形符号，其封装用标准的 DIP 16 就可以。

项目三　红外热释电报警器电路原理图电气连接及端口操作

🔵 学习目标

（1）掌握导线、总线连接的操作方法，会放置电路节点、电源与接地元件。

（2）掌握电路原理图中网络标号、信号端口的添加与属性设置的方法。

🔵 问题导读

导线——电气连接第一招

在一般情况下，通过在电路原理图中的元器件引脚间绘制导线，来连通电路。在系统默认设置下，如果有不相连的导线交叉，将会使导线分层叠置，表面上看连在一起，实际上是不相连的（这时如果要使导线连通，必须手工放置节点）；如果有相连的支线（一条导线的起点或是终点在另一条导线上）将会在连接的点上出现一个电气节点，表示此电气节点在电路上是相通的。

知识拓展

总线——电气连接第二招

在大规模集成电路设计中，尤其是在设计数字电路时，会有大量的引脚连线，此时采用总线形式进行连接可以大大降低引脚连线的工作量，同时可使电路原理图更加清晰直观。

总线电路连接形式由总线与总线分支线组成，它们一起构成电路电气连接属性。图 3-3-1 所示为由总线设计完成的 8 个 LED 组成的电路原理图。

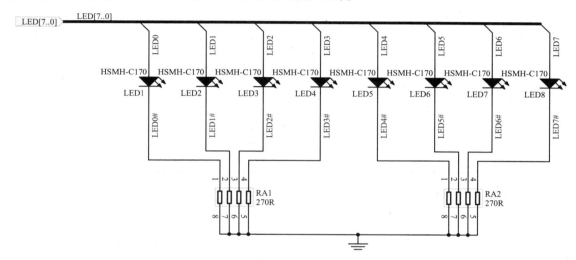

图 3-3-1　由总线设计完成的 8 个 LED 组成的电路原理图

知识链接

网络标号——电气连接第三招

通过设置网络标号来实现元器件引脚之间的电气连接。在电路原理图上，网络标号将被附加在元器件引脚、导线等具有电气特性的对象上，用来说明被附加对象所在网络。具有相同网络标号的引脚对象之间被认为具有相同的电气连接，即属于同一个电路网络。图 3-3-2 所示为以 EPM240 为核心进行引脚网络标号设计的部分电路原理图。

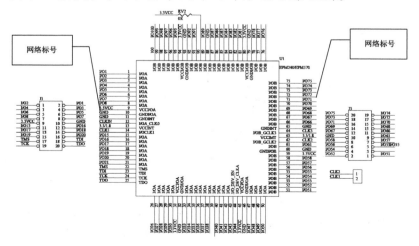

图 3-3-2　以 EPM240 为核心进行引脚网络标号设计的部分电路原理图

网络标号的具体设置及操作方法详见本项目任务三。

任务一　电路导线、总线的绘制

做中学

依次选择"View"→"Toolbars"→"Wiring"命令，打开"Wiring"工具栏，其中各按钮含义如表3-3-1所示。

表3-3-1　"Wiring"工具栏中各按钮含义

按钮	含义	按钮	含义
≈	绘制导线	〕	绘制总线
Net	放置网络标号	入	放置总线分支线
⊥	放置接地电源	Vcc⊤	放置电源符号
⊳	放置元器件	▣	放置方块电路
▣	放置方块电路端口	×	放置忽略电气规则检查节点
⊳	放置电路 I/O 口	—	—

第一招：导线的绘制，具体操作步骤如下。

（1）单击"绘制导线"按钮，或依次选择"Place"→"Wire"命令（或直接按"P＋W"快捷键），启动"Wire"（绘制导线）命令，进入画导线状态，同时鼠标指针上出现一个十字。例如，将鼠标指针靠近三极管 Q3 的发射极引脚，鼠标指针上的十字自动滑到该器件引脚或导线的端点上，这时将出现红色的 X 形标志，如图3-3-3所示，此时只要单击即可设置导线起点。

（2）拖曳鼠标指针，在连接导线的转折点处再次单击，且拖曳鼠标指针到三极管 Q1 基极接线端，此时会再次出现红色的 X 形标志，如图3-3-4所示。

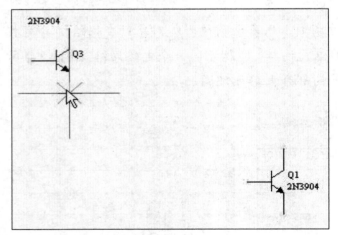

图3-3-3　确定连线起点

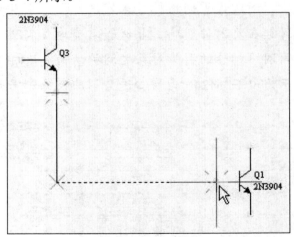

图3-3-4　确定连线终点

（3）再次单击，即可完成元器件间的导线连接。

（4）如果需要在其他方向连接导线，那么可以在最后一次单击时通过按"Shift+Space"快捷键进行切换。不同的导线连接效果如图3-3-5所示。

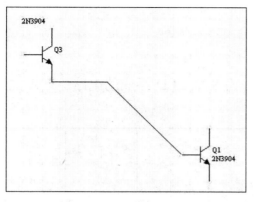 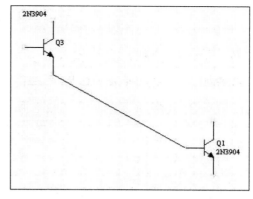

（a）有过渡的斜导线　　　　　　　（b）直接斜导线

图 3-3-5　不同的导线连接效果

（5）连接完线路后，右击一次或按"Esc"键，即可退出画线状态。

（6）打开本单元项目一中的元器件已经摆放好的"红外热释电报警器.PRJPCB"工程文件。重复以上（1）～（5）连线步骤。由 Q3、Q4 组成达林顿功率管驱动升压电感驱动蜂鸣片电路部分的导线连接效果如图 3-3-6 所示。

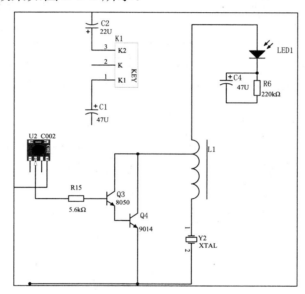

图 3-3-6　驱动蜂鸣片电路部分的导线连接效果

（7）图 3-3-7 所示为红外热释电报警器电路导线连接全景图。

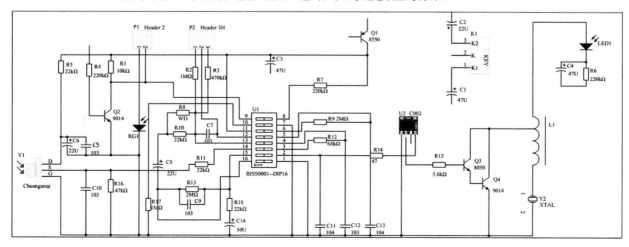

图 3-3-7　红外热释电报警器电路导线连接全景图

做中学

第二招：总线的绘制，具体操作步骤如下。

（1）参考如图 3-3-2 所示的电路原理图，完成由 8 个 LED 组成的电路原理图的设计，未进行总线设置前的电路原理图如图 3-3-8 所示。

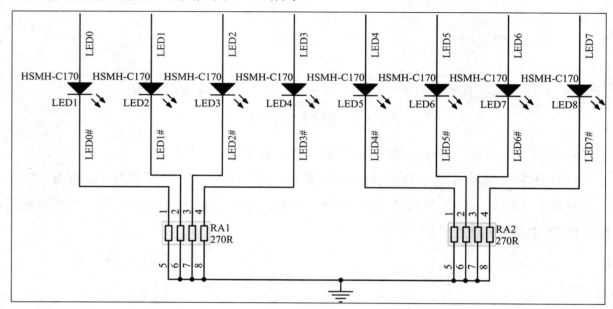

图 3-3-8　未进行总线设置之前的电路原理图

（2）执行绘制总线命令。单击"Wiring"工具栏中的 ⤢ "绘制总线"按钮即可进入绘制总线状态。在图纸上 LED1 的左上方单击，确定总线的起点。拖曳鼠标指针至 LED8 的左上方，即终点，单击。右击退出绘制总线状态，完成此段总线的绘制。LED1～LED8 之间的总线绘制过程及结果如图 3-3-9 所示。

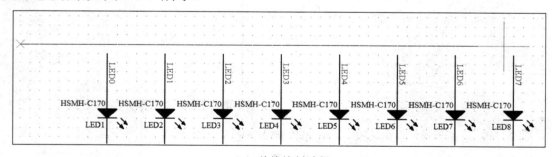

（a）总线绘制过程

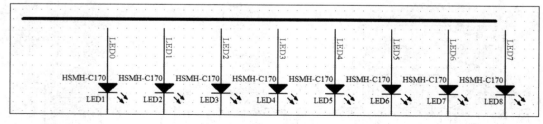

（b）总线绘制结果

图 3-3-9　LED1～LED8 之间的总线绘制过程及结果

（3）执行绘制总线分支线命令。单击"Wiring"工具栏中的 ⤡ "放置总线分支线"按钮，在鼠标指针上可以看到一段方向为 45° 或 135° 的总线分支线（按"Space"键可以改变方向），待总线分支线一端或两端出现红色 X 形标志时，单击即可放置好该总线分支线。总线分支线绘制过程及结果如图 3-3-10 所示。

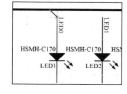 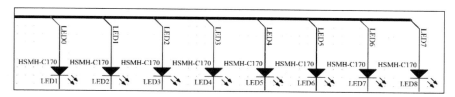

（a）总线分支线绘制过程　　　　　　　（b）总线分支线绘制结果

图 3-3-10　总线分支线绘制过程及结果

 特别注释

Protel 提供了功能完备的图形绘制工具，运用提供的图形绘制工具，可以既简单又快捷地绘制出各种电气图形符号，即原理图库文件。

在电路原理图实际绘制过程中，经常有初学设计者用直线画图工具完成元器件引脚间的连接，这样的操作是完全错误的，应当特别注意。

任务二　放置电源、接地图形符号操作

做中学

下面以放置+5V 电源为例，完成本任务操作过程。

（1）依次选择"Place"→"Power Port"命令，进入放置电源状态。鼠标指针上出现一个十字形标志和一个电源图形符号。各电源、接地图形符号各角度摆放效果如表 3-3-2 所示。

表 3-3-2　各电源、接地图形符号各角度摆放效果

大地	信号地	电源地	Wave	Bar	Arrow	Circle
			VCC	VCC	VCC	VCC
			VCC	VCC	VCC	VCC
			VCC	VCC	VCC	VCC
			VCC	VCC	VCC	VCC

（2）单击"Wiring"工具栏中的 ⏚ 按钮或依次选择"Place"→"Power Port"命令（或依次按键盘上的"P"键→"O"键），此时 ⏚ 的接线端会变成十字形，将其放在预放置接地符号的元器件接线端（以 C2 一端为例），这时将出现红色的 X 形标志。

（3）单击，完成接地图形符的放置，右击可取消接地图形符号的放置。接地图形符号放置效果如图 3-3-11 所示。

（4）同理，单击"Wiring"工具栏中的 VCC 按钮，此时 VCC 的接线端会变成十字形标志，将其放在预放置电源的元器件的接线端（以 K1 为例）。

（5）单击，放置电源图形符号，右击可取消电源图形符号的放置。电源图形符号放置效

果如图 3-3-12 所示。

图 3-3-11　接地图形符号放置效果

图 3-3-12　电源图形符号放置效果

（6）重复以上放置接地、电源图形符号的步骤，按红外热释电报警器电路原理图完成所有接地、电源图形符号的放置，效果如图 3-3-13 所示。

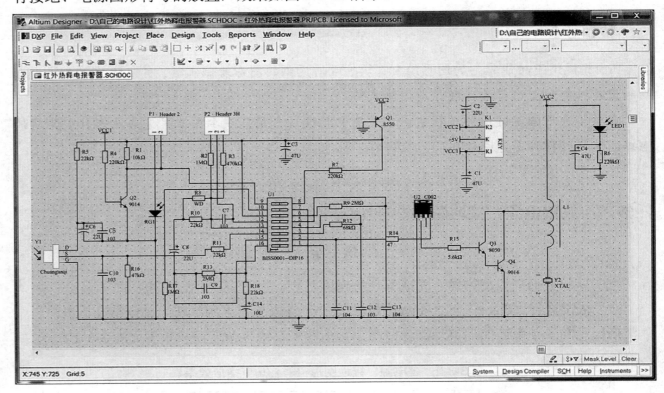

图 3-3-13　红外热释电报警器电路原理图放置接地、电源图形符号效果

（7）设置 K1 连接的电源图形符号属性。双击图 3-3-12 中的 VCC 电源图形符号，打开"Power Port"（设置电源及接地图形符号属性）对话框，如图 3-3-14 所示，在该对话框中，将"Properties"选区中的"Net"文本框由默认的"VCC"修改为"+5V"。

（8）单击"OK"按钮，返回电路原理图编辑窗口。+5V 电源设置结果如图 3-3-15 所示。

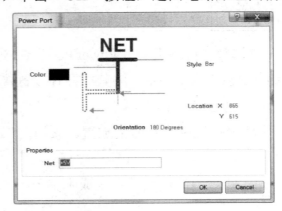

图 3-3-14　"Power Port"对话框

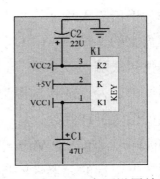

图 3-3-15　+5V 电源设置结果

特别注释

在电路设计中，通常同一个电源网络采用统一的电源图形符号风格。

将鼠标指针指向"Style"区域，单击如图3-3-14所示的对话框中"Style"选项后的下拉按钮，将弹出电源及接地图形符号样式下拉列表，在该列表中可以选择电源及接地图形符号的外形风格。

"Orientation"选项：设置电源图形符号旋转角度。

"Net"选项：设置电源图形符号所在的电源网络，这是电源图形符号最重要的属性，它确定了该电源图形符号的电气特性。

任务三　放置网络标号和端口操作

做中学（一）

第三招：设置网络标号的操作。

下面以Altera公司MAXII系列EPM240的引脚设置网络标号为例，来说明网络标号编辑操作过程。

（1）启动Protel，单击"Schematic Standard"工具栏最左边的 "Open Any Document"按钮，弹出"Files"面板，如图3-3-16所示。

（2）单击"New"选区中的"Schematic Sheet"（新建电路原理图）选项。

（3）弹出"Libraries"面板，单击"Search"按钮，搜索查找"EPM240"，添加"Altera Max II.IntLib"库，如图3-3-17所示。

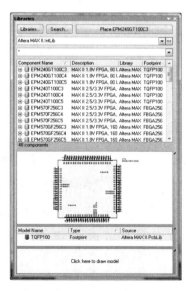

图3-3-16　"Files"面板　　　　图3-3-17　添加"Altera Max II.INTLIB"库的"Libraries"面板

（4）单击 Place EPM240GT100C3 按钮，按"Tab"键，将"Designator"修改为"U1A"，单击"OK"按钮，在电路原理图合适位置处单击，放置芯片。

（5）单击"Libraries"面板中的"Miscellaneous Connectors.INTLIB"库，选择"Header10×2"选项，单击 Place Header 10×2 按钮，按"Tab"键，将"Designator"修改为"J1"，单击"OK"按钮，

在电路原理图合适位置处单击，放置该引脚接线柱。添加芯片及接线柱后的电路原理图如图3-3-18所示。

（6）单击"Schematic Standard"工具栏中的"保存"按钮，在弹出的"Save"对话框中将电路原理图命名为"开发板EMP240"，如图3-3-19所示。

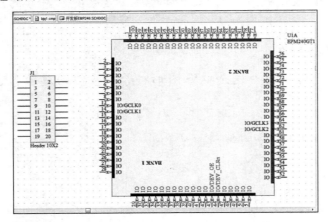

图3-3-18　添加芯片及接线柱后的电路原理图　　　　图3-3-19　"Save"对话框

（7）添加网络标号。单击"Wiring"工具栏中的 按钮，或者依次选择"Place"→"Net Label"命令，或者按"P+N"快捷键，鼠标指针变为十字形，并且有名为"NetLabel1"的网络标号随着鼠标指针一起移动，如图3-3-20所示。

（8）按"Tab"键，弹出"Net Label"对话框，在"Properties"选区的"Net"文本框中将默认的"NetLabel1"修改为"I/O1"，如图3-3-21所示。

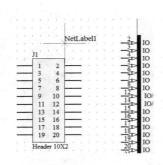

图3-3-20　放置网络标号时的鼠标指针状态　　　　图3-3-21　"Net Label"对话框

（9）单击"OK"按钮，返回电路原理图编辑窗口，此时鼠标指针变为十字形，并且有名为"I/O1"的网络标号随着鼠标指针一起移动，在接线柱对应的引脚上单击，一个网络标号就放置完成了。依次单击各引脚（此时网络标号自动加1），直到放置到"I/O8"，右击，退出网络称号放置状态。I/O1～I/O8放置过程及结果如图3-3-22所示。

（a）放置I/O1　　　　　　　　（b）依次放置到I/O8

图3-3-22　I/O1～I/O8放置过程及结果

😊 **特别注释**

连续放置网络标号操作简单，节省时间，比一个一个地添加方便得多。

在放置网络标号时，可以按"Space"键来改变网络标号放置方向，每按一次"Space"键，网络标号逆时针旋转90°。其他个别网络标号单独进行设置。

（10）再次单击 Net 按钮，将网络标号的"Net"设置为"I/O15"，操作步骤同（8）～（9），依次放置其他连续网络标号 I/O16～I/O20，如图3-3-23（a）所示。其他不同的网络标号逐个放置，如图3-3-23（b）所示。

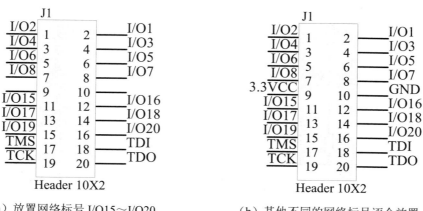

（a）放置网络标号 I/O15～I/O20　　　　　（b）其他不同的网络标号逐个放置

图3-3-23　完成 Header 10×2 网络标号放置

（11）为了显示清晰，便于添加网络标号，先将 EPM240 各引脚适当延长，如图3-3-24所示。

（12）在 EPM240 引脚上放置对应的网络标号，操作步骤同（7）～（9）。注意：千万不能张冠李戴。至此，网络标号放置完成，结果如图3-3-25所示。

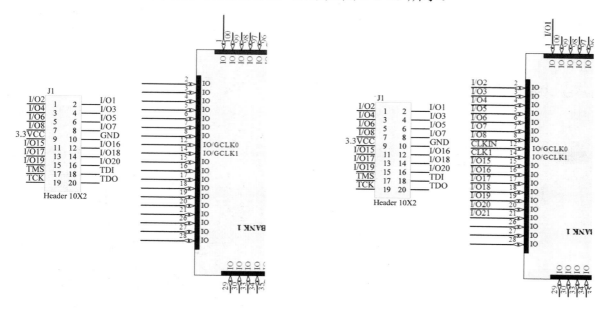

图3-3-24　将 EPM240 部分引脚延长　　图3-3-25　在 EPM240 引脚上放置对应的网络标号的结果

（13）单击"Schematic Standard"工具栏中的"保存"按钮，对操作结果进行保存。

做中学（二）

接下来，绘制单管分压式偏置负反馈放大电路原理图信号的 I/O 口，步骤如下。

（1）启动 Protel，依据电子技术中的典型电路——单管分压式偏置负反馈放大电路原理图，建立电路原理图，如图 3-3-26 所示。

（2）单击"Wring"工具栏上的 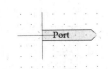 按钮，或者依次选择"Place"→"Port"命令，或者按"P+R"快捷键，执行放置端口命令，鼠标指针变为十字形，并且会有一个黄色端口随鼠标指针移动，单击，确定端口起始位置；再次单击，确定端口末位置；右击退出端口放置状态，如图 3-3-27 所示。

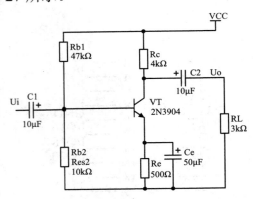

图 3-3-26　单管分压偏置负反馈放大电路原理图　　　图 3-3-27　确定端口左侧起始位置

（3）设置端口属性。双击刚刚建立的 Port（系统默认名称）端口，打开"Port Properties"（设置端口属性）对话框，将该对话框中的"Style"设置为"Right"，如图 3-3-28 所示。在"Properties"选区的"Name"文本框中，将默认的"Port"修改为"Ui"，在"I/O Type"下拉列表中选择"Input"选项。

（4）单击"OK"按钮，返回电路原理图编辑窗口。

（5）同理添加"Uo"端口并绘制一段导线。信号 I/O 口设计完成电路原理图如图 3-3-29 所示。

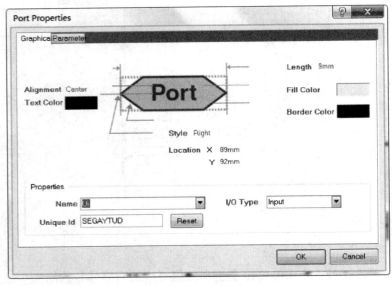

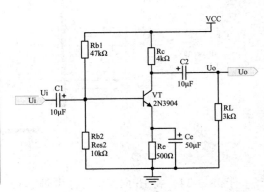

图 3-3-28　设置"Port Properties"对话框　　　图 3-3-29　信号 I/O 口设计完成

电路原理图

项目四 红外热释电报警器电路原理图终极处理

学习目标

（1）熟悉编译、检查电路原理图的方法。

（2）能对创建的 ERC 报表进行错误修正，最终生成网络表。

问题导读

复杂问题如何简单化

对于任何一个电路，逐一对其中的元器件的序号进行修改，或者利用"Tab"键设置属性（或者用阵列粘贴法），可以解决多个同一元器件一次性放置的问题。这些操作对较简单的电路原理图编辑而言足够方便，但是当电路比较复杂、元器件数目及类型很多时，上述办法还是显得烦琐，而且可能会出现某些元器件序号重复，或者某类元器件序号不连续等问题。能不能让 Protel 自动进行元器件序号排列呢？答案是肯定的。

知识拓展

自动编号

针对"问题导读"部分提及的问题，Protel 为用户提供了元器件自动编号功能，使用这一功能可以在放置完所有元器件后统一对元器件进行编号，既可以缩短绘图时间，又可以保证元器件序号的准确性，减少电路原理图中的错误。

在绘制电路原理图的过程中，若没有对元器件序号进行编辑设置，则系统通常会在元器件编号中标记"?"，如电阻为"R?"，电容为"C?"，如图 3-4-1 所示。

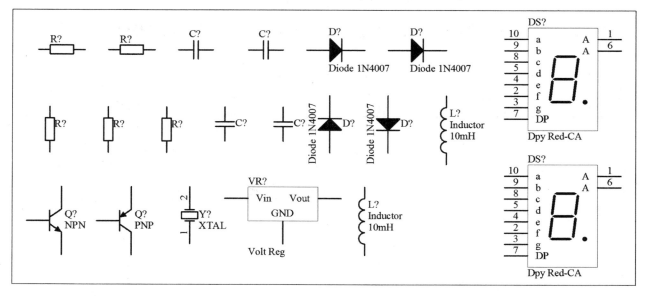

图 3-4-1 未对元器件序号进行编辑前的效果

接下来，依次选择"Tools"→"Annotate"命令，弹出"Annotate"对话框，单击 [Update Changes List] 按钮，弹出"DXP Information"对话框，提示确定 21 个元器件编辑编号，单击 [OK] 按钮，

单击 [Accept Changes (Create ECO)] 按钮，在弹出的"Engineering Change Order"对话框中依次单击 [Validate Changes] 按钮和 [Execute Changes] 按钮，如图3-4-2所示。

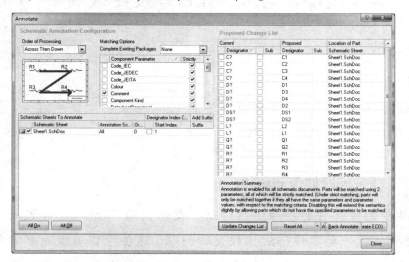

（a）"Annotate"自动编号设置对话框　　　　　　　（b）"DXP Information"对话框

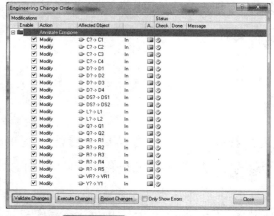

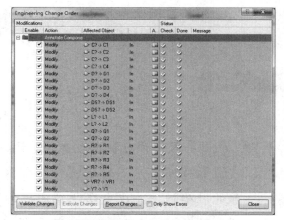

（c）单击 [Validate Changes] 按钮后的对话框显示效果　　（d）单击 [Execute Changes] 按钮后的对话框显示效果

图3-4-2　元器件自动编号操作

单击两次"Close"按钮，返回电路原理图编辑窗口，即可完成元器件自动编号，效果如图3-4-3所示。

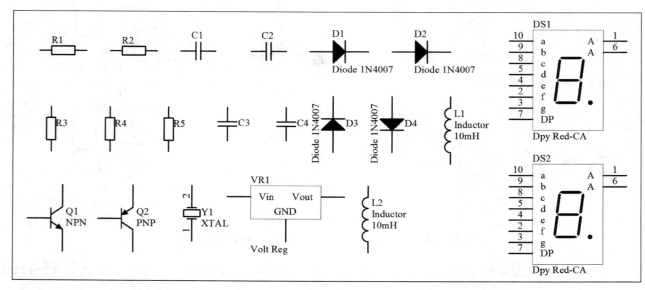

图3-4-3　元器件自动编号完成效果

细节决定成败

ERC 用来检查电路原理图中电气连接的完整性。Protel 的工程编译功能可以对电路原理图进行电气规则错误检查，即检查元器件之间的连接是否遵循一定的电气规则。在设计一个复杂的电路原理图时，ERC 代替了手工检查的繁重劳动，有着手工检查无法达到的精确性及快速性，是设计电路原理图的好帮手，也是保证 PCB 设计正确的关键步骤之一。

ERC 可以按照用户指定的逻辑特性进行检查，可以输出相关物理逻辑冲突报告，如悬空的引脚、没有连接的网络标号、没有连接的电源等。在生成测试报告文件的同时，根据测试报告对电路原理图进行修正。

任务一 电路原理图检查与修正操作

做中学

红外热释电报警器电路原理图编译、检查设置操作步骤如下。

（1）依次选择"Project"→"Project Options"命令，弹出"Options for PCB Project 红外热释电报警器.PRJPCB"对话框，如图 3-4-4 所示。

图 3-4-4 "Options for PCB Project 红外热释电报警器.PRJPCB"对话框

特别注释

"Options for PCB Project *.PRJPCB"对话框中的选项卡从左到右依次为"Error Reporting"（错误检查规则）选项卡、"Connection Matrix"（连接矩阵）选项卡、"Class Generation"（生成类）选项卡、"Comparator"（比较设置）选项卡、"ECO Generation"（ECO 启动）选项卡、"Options"（选项）选项卡、"Multi-Channel"（多通道）选项卡、"Default Prints"（默认输出）选项卡、"Search Paths"（输出路径）选项卡和"Parameters"（网络选项）选项卡等；电路原

理图检查的核心设置在前两个选项卡中。

（2）"Error Reporting"选项卡：可以设置电路原理图电气测试的规则，列出了所有电气错误报告类型。在"Violation Type Description"栏中共设置了六大错误类型，如图3-4-4所示。

 特别注释

在"Error Reporting"选项卡"Violation Type Description"栏中的六大错误类型如表3-4-1所示。

表3-4-1　6类电气错误类型检查

违规类型描述	含义
Violations Associated with Buses	总线的违规检查
Violations Associated with Component	元器件的违规检查
Violations Associated with Document	文件的违规检查
Violations Associated with Nets	网络的违规检查
Violations Associated with Others	其他项的违规检查
Violations Associated with Parameters	参数的违规检查

在"Report Mode"栏中列出了错误报告类型，将鼠标指针放在任意一个错误类型上单击，即可打开该类型的错误报告，选择要提醒的类型，设置完成后单击"OK"按钮即可。这里使用默认设置，如图3-4-5所示。

（3）"Connection Matrix"选项卡：用于设置电路电气连接方面的检查。例如，设置当无源器件的引脚连接时系统产生警告信息的操作为在矩阵右侧找到"Passive Pin"（无源器件引脚）行，在矩阵上部找到"Unconnected"（未连接）列，改变由对应行和列决定的矩阵中的方块的颜色，即可改变电气连接检查后错误报告的类型。"Connection Matrix"选项卡中的矩阵给出了在电路原理图中不同类型的连接点及其是否被允许的图表描述，如图3-4-6所示。

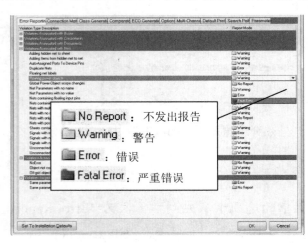

图3-4-5　错误的报告类型

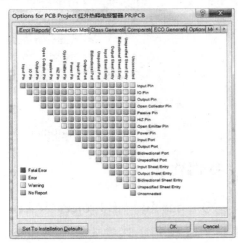

图3-4-6　"Connection Matrix"选项卡

特别注释

若矩阵中的"Output Pin"行和"Open Collector Pin"列的相交处是一个橙色的方块，则表示在电路原理图中从一个"Output Pin"连接到一个"Open Collector Pin"时，将在项目被编辑时启动一个错误条件。

绿色表示 No Report，黄色表示 Warning，橙色表示 Error，红色表示 Fatal Error。

鼠标指针在移动到方块上时将变成小手形状，连续单击，该方块的颜色将按绿色→黄色→橙色→红色→绿色顺序循环变化。

接下来，进行红外热释电报警器电路原理图的修正操作。

首先，打开红外热释电报警器工程文件"红外热释电报警器.PRJPCB"及原理图文件"红外热释电报警器.SCHDOC"。其次，在红外热释电报警器电路原理图中小心地设置两个错误：一个错误是将 Q1 的基极接地断开，另一个错误是将 Q2 的集电极电阻 R1 改为 R10，效果如图 3-4-7 所示，已经由黑圈标记出。

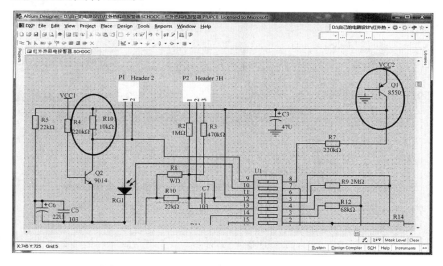

图 3-4-7　设置两处错误电路原理图效果

 特别注释

细心的读者已经发现在图 3-4-7 中两个电阻 R10 均已经显示出了细波浪线，这说明这两处编辑有问题，这就是 Protel 的智能之处。

电路原理图被编译后，反馈信息将显示在"Messages"面板中。根据检测出的错误，设计者对电路原理图进行检查和修改，编辑之后重新编译项目，直到所有错误都被修正为止。

做中学

依据上述两处错误设置，红外热释电报警器电路原理图修正的具体操作步骤如下。

（1）先进行参数设置。依次选择"Project"→"Project Options"命令，弹出"Options for PCB Project 红外热释电报警器.PRJPCB"对话框，在"Error Reporting"选项卡下的"Violations

Associated with Nets"选项上将"Floating Power Objects"项的错误报告类型设置为"Fatal Error"，如图 3-4-8 所示。

（2）依次选择"Project"→"Compile Document 红外热释电报警器.SCHDOC"命令，编译电路原理图，如图 3-4-9 所示。此时系统自动打开"Messages"面板，如图 3-4-10 所示。在"Message"面板中可以看到当前电路原理图存在的错误，以及对错误原因。若没有自动弹出"Message"面板，可通过选择窗口右下角的"System"标签中的"Messages"命令打开"Message"面板。

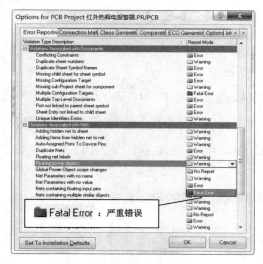

图 3-4-8　设置错误类型参数

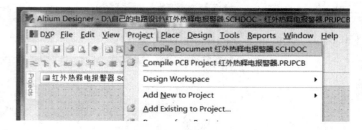

图 3-4-9　编译电路原理图菜单

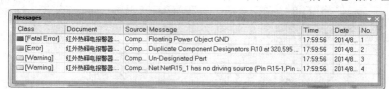

图 3-4-10　"Messages"面板

（3）双击第一行"Floating Power Object GND"（接地电源）错误，弹出如图 3-4-11 所示的反馈窗口。同时会看到整个电路原理图背景没有错误的地方的颜色都会变浅，只有错误处正常显示。

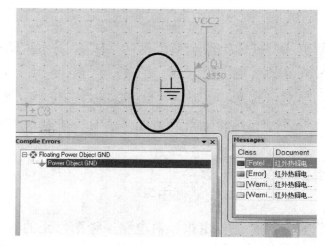

图 3-4-11　"Power Object GND"反馈窗口及接地电源符号显示效果

（4）单击选中接地图形符号并拖动，使其与 Q1 三极管基极相连，完成此修改。

（5）同理，"Messages"面板中的第二行显示的是在两个坐标处重复定义的电阻 R10 的错误，双击第二行，弹出如图 3-4-12 所示的电阻 R10 错误反馈窗口，我们会看到两个 R10。同时会看到整个电路原理图背景没有错误的地方的颜色都会变浅，通过分别单击两个电阻 R10，可以对比两个电阻及位置，如图 3-4-12（a）和图 3-4-12（b）所示。

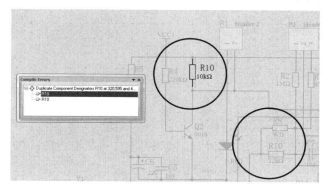

　　　　（a）上面 R10 电阻　　　　　　　　　　　　　（b）下面 R10 电阻

图 3-4-12　电阻 R10 错误反馈窗口

（6）根据电路设计，单击选中上面的电阻 R10，双击，在弹出的"Parameter Properties"对话框中将 R10 改为 R1，单击"OK"按钮返回。

（7）依次选择"Project"→"Compile Document 红外热释电报警器.SCHDOC"命令，进行错误复检。此时"Messages"面板中只剩两行"Warning"，通过查看可以忽略。至此，两处错误修正结束。

任务二　生成红外热释电报警器电路原理图网络表

做中学

Protel 网络表是电路原理图与 PCB 之间的桥梁文件，它提供了完备规则所有有价值的信息描述。生成并打开红外热释电报警器电路原理图网络表的操作步骤如下。

（1）启动 Protel，打开"红外热释电报警器.PRJPCB"工程文件，再打开"红外热释电报警器.SCHDOC"文件，依次选择"Design"→"Netlist For Document"→"Protel"命令，依次选择"System"→"Projects"命令，如图 3-4-13 所示。

（2）在"Projects"面板中的工程项目栏中依次选择"Generated"→"Netlist Files"→"红外热释电报警器.NET"命令。"Projects"面板中的工程项目栏如图 3-4-14 所示。

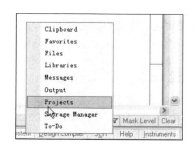

图 3-4-13　执行"System"→"Projects"菜单命令　　　　图 3-4-14　"Projects"面板中的工程项目栏

（3）双击"红外热释电报警器.NET"即可打开生成的红外热释电报警器电路原理图的网络表，该网络表由如图 3-4-15 所示的元器件列表和如图 3-4-16 所示的网络列表两部分组成。

图 3-4-15　生成红外热释电报警器
电路原理图元器件列表

图 3-4-16　生成红外热释电报警器
电路原理图网络列表

项目五　红外热释电报警器电路原理图及报表打印

学习目标

（1）熟悉电路原理图的打印预览及输出设置。

（2）掌握元器件采购明细报表的打印方法，以满足元器件采购任务的需求。

问题导读

元器件采购明细报表在哪里

当一个电子产品工程项目设计完成后，需要按照元器件采购明细报表进行采购。对于特别简单的电路，写一张统计报表即可满足元器件采购任务需求。但对于比较复杂的电路，由于元器件种类繁多，具体数目较难统计，且同种元器件具体封装可能有所不同，仅靠人工很难准确地将电路中的元器件的信息统计完整。能否很轻松地、全面地获得元器件明细报表呢？

知识拓展

Protel 各类报表

在电路设计过程中，出于存档、对照、校对及交流等目的，总希望能够随时输出整个设计工程的相关信息，即使是电子文档形式的。

除了网络表，Protel 还能生成如下几种报表，用于帮助设计者完成工程项目。

（1）元器件采购明细报表：该报表列出了电路原理图中的所有元器件及元器件的所有信息，该报表可以帮助设计者进行元器件采购，因此称为元器件采购报表。

（2）元器件交叉参考报表：该报表按原理图文件列出了每张电路原理图中使用的元器件

及元器件相关详细信息。

（3）工程项目层次报表：该报表给出了工程项目的层次关系。

这些报表的生成都命令集中在"Reports"菜单下的相关菜单项中。

知识链接

自动编号报表

在为元器件自动编号时，Protel 会生成自动编号报表。依次选择"Tools"→"Annotate"命令，弹出"Annotate"对话框，操作同本单元项目四"知识拓展"部分，在如图 3-4-2（d）所示的对话框中，单击"Report Changes"按钮，弹出元器件自动编号报表，此报表既可以存档（通过单击"Export"按钮实现），也可以打印输出（通过单击"Print"按钮实现）。

任务一　电路原理图打印预览及输出

做中学

在设置连接好打印机的情况下，利用 Protel 可以将电路原理图打印输出。

（1）依次选择"File"→"Page Setup"命令，弹出"Schematic Print Properties"对话框，对需要打印的电路原理图进行页面设置，这里设置为 A4、横向、电路原理图整体黑白打印。"Schematic Print Properties"对话框如图 3-5-1 所示。

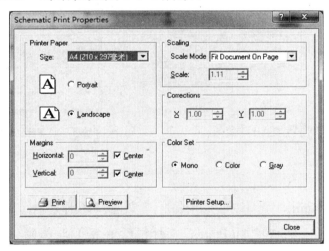

图 3-5-1　"Schematic Print Properties"对话框

特别注释

"Printer Paper"（打印纸设置）选区：包括"Size"（大小）下拉列表、"Portrait"（纵向）单选按钮、"Landscape"（横向）单选按钮。

"Margins"（余白）选区：用于设置电路原理图边框和纸边沿的距离，包括"Horizontal"（页边距水平距离）数值框、"Vertical"（页边距垂直距离）数值框、"Center"（居中）复选框。

"Scaling"（缩放）选区：包括"Scale Mode"（刻度模式）下拉列表[包括"Fit Document On Page"（电路原理图整体打印）选项、"Scaled Print"（按设定的缩放率分割打印）选项]和"Scale"（指定电路原理图打印的倍率）数值框。

"Corrections" 选区：包括 "X" 数值框和 "Y" 数值框，用于指定电路原理图横纵坐标位置。

"Color Set"（彩色设置）选区：包括 "Mono"（单色）单选按钮、"Color"（彩色）单选按钮、"Gray"（灰色）单选按钮。

另外，"Schematic Print Properties" 对话框还有三个按钮，即 "Print"（打印）按钮、"Preview"（预览）按钮、"Printer Setup"（打印设置）按钮。

（2）单击 "Preview" 按钮，或者在电路原理图编辑窗口中依次选择 "File"→"Print Preview" 命令，进入打印预览界面，效果图如图 3-5-2 所示。可通过单击打印预览界面下面的四个按钮，来选择电路原理图预览模式。

（3）单击 "Print Setup" 按钮，弹出如图 3-5-3 所示的 "Printer Configuration for" 对话框，可在该对话框中进行打印机相关属性的设置，这里设置为打印两份当前页。

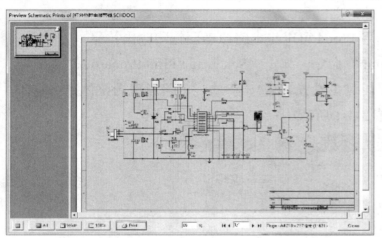 

图 3-5-2　打印预览 "All" 效果图　　　图 3-5-3　"Printer Configuration for" 对话框

 特别注释

"Printer" 选区："Name" 下拉列表用来选择安装好的打印机。

"Print Range" 选区：包括 "All Pages"（打印所有页）单选按钮、"Current Page"（打印当前页）单选按钮、"Pages" 单选按钮。在选择 "Pages" 单选按钮后，通过设置 "From" 数值框和 "To" 数值框，来指定打印页。

"Copies" 选区：包括 Number of copies（打印的份数）数值框，"Collate"（是否逐份打印）复选框。

（4）单击 "OK" 按钮，返回 "Schematic Print Properties" 对话框。

（5）单击 "Print" 按钮，在联机正常的情况下，打印两份红外热释电报警器电路原理图。

（6）单击 "Close" 按钮，返回电路原理图编辑窗口。

任务二 元器件采购明细报表输出

做中学

（1）打开原理图文件"红外热点报警器.SHCDOC"，依次选择"Reports"→"Bill of Materials"命令，弹出"Bill of Materials For Project"对话框，单击不同表格标题，可以使表格内容按该标题次序排列，勾选相应选项后面的复选框，该项将显示；不勾选相应选项后面的复选框该项将隐藏。"Bill of Materials For Project"对话框右侧是元器件采购明细报表，如图 3-5-4 所示。

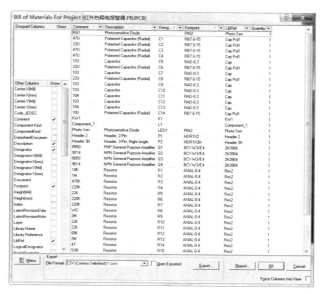

图 3-5-4　元器件采购明细报表

（2）单击 Report... 按钮，打开"Report Preview"对话框，如图 3-5-5 所示。在"Report Preview"对话框中，有 3 个按钮，分别为"All"（全屏幕显示）按钮、"Width"（等宽显示）按钮和"100%"（100%显示）按钮。另外还有一个可供输入显示比例的文本框，在该文本框中输入合适的显示比例后，按"Enter"键将以设置的比例显示元器件采购明细报表。

图 3-5-5　"Report Preview"对话框

（3）单击"Print"按钮，可以将元器件采购明细报表打印输出。

（4）单击"Export"按钮，弹出如图 3-5-6 所示的对话框，在该对话框中可以对元器件采购明细报表的输出格式进行设置。"保存类型"下拉列表中有多种可供选择的文件类型。这里将"保存类型"设为"Microsoft Excel Worksheet（*.xls）"，将"文件名"设为"红外热释电报警器"。单击"保存"按钮，元器件采购明细报表将被保存为 Excel 文件。

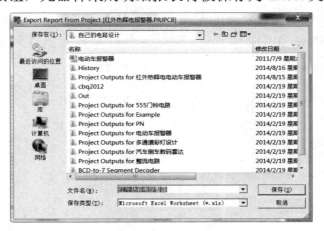

图 3-5-6 "Export Report From Project"对话框

（5）单击"Close"按钮，再单击"OK"按钮，返回电路原理图编辑环境。

▶ 技能重点考核内容小结

（1）熟悉电路原理图具体工作环境参数设置方法。

（2）掌握元器件常规属性编辑方法。

（3）学会创建新原理图库的方法，掌握具体操作步骤。

（4）熟练掌握绘制导线，放置总线、总线分支线、网络端口等操作步骤。

（5）熟悉电路原理图的检查方法与错误修正的操作步骤。

（6）掌握由电路原理图生成网络表的操作方法。

（7）学会电路原理图及相关报表的打印操作。

▶ 习题与实训

一、填空题

1. 在使用 Protel 进行电路设计的过程，第一个核心阶段是＿＿＿＿＿＿。

2. 常见的二极管、三极管、电感、电阻、电容所在的库是＿＿＿＿＿＿＿。

3. 要完成对电路原理图图纸参数的设置，一般选择＿＿＿＿＿＿菜单下的"Document Options"命令，在"Document Options"对话框中进行相关参数设置。

4. 在"Document Options"对话框中的"Sheet Options"选项卡中，通过勾选"Grids"选区中的＿＿＿＿＿和＿＿＿＿＿复选框，可以进行图纸的捕获栅格和可视栅格的精确数值设置。

5. 绘制电路原理图通常会用到两个基本原理图库，包括常用的接插件图形符号库 Miscellaneous ＿＿＿＿＿＿.INTLIB。

6. 选择"Edit"菜单下的＿＿＿＿＿＿＿菜单项，可以实现一次粘贴多个对象，而且在粘贴过程中，元器件标号和网络标号可以按设置参数自动递增。

7. 当项目文件被编译时，任何已经启动的错误均将显示在_____面板中。

二、选择题

1. 依次选择"File"→"New"→"Schematic"命令，面板中默认出现的文件名为_____。

  A．Sheet.SCHDOC   B．Sheet1.SCHDOC

  C．Free.SCHDOC   D．工程项目同名

2. 标题栏是图纸说明的重要组成部分，其中一种模式是 Standard，另一种模式是_____。

  A．IEEE   B．ANIS   C．ANSI   D．ANS1

3. 在放置元器件时，按_____键可以退出元器件放置状态。

  A．Ctrl   B．Alt   C．Tab   D．Esc

4. "Place"命令用于_____。

  A．放置导线   B．放置端口   C．放置电源线   D．以上都是

5. "Electrical Grid"选项可以设置_____。

  A．可视栅格   B．跳跃栅格   C．电子捕捉栅格   D．电路图标题栏

6. 在元器件引脚方向不合适时，一般应进行_____调整操作。

  A．移动   B．旋转   C．复制   D．删除

三、判断题

1. 在元器件搜索关键字中可以使用"*"和"？"这两个通配符。　　　　　（　　）

2. "Fit All Objects"的含义是可以在当前工作界面显示整张电路原理图。　（　　）

3. 配合使用鼠标与"Shift"键，可以同时选取多个元器件对象。　　　　（　　）

4. 可以不新建一个工程项目而单独新建一张电路原理图。　　　　　　　（　　）

5. 图纸跳跃栅格"Snap"的最小设置值为1。　　　　　　　　　　　　（　　）

6. 原理图库一旦被卸载或删除，就不能重新安装。　　　　　　　　　（　　）

四、简答题

1. 电路原理图设计一般步骤有哪些？

2. "Wiring"工具栏中主要有哪些按钮，这些按钮各有什么功能？

3. 什么是网络标号，其具体应用环境有何参考？

五、实训操作

实训 3.1　绘制电路原理图的常规操作

（1）将本单元中的原理图文件（自己任意选择一个文件即可，难易自定）保存在两个不同的路径下面并打开。

（2）用菜单命令打开或关闭各种工具栏，练习快捷键的使用。练习单击、双击、按住鼠标左键并拖动元器件和框选择元器件操作。

（3）在图中练习对对象的编辑、移动、修改、复制、粘贴等操作。

<h3 style="text-align:center">实训 3.2　绘制桥式整流滤波稳压电路原理图</h3>

1．实训任务

（1）要求学生能够对基本原理图库中的元器件进行熟练操作。

（2）绘制《电子技术基础与技能》中桥式整流滤波稳压电路原理图。

（3）进一步熟悉二极管、电容、7809/12 等元器件的放置与使用。

2．任务目标

（1）学会基本原理图库中二极管、电容、7809/12 的快速定位与属性设置操作。

（2）重点掌握变压器输出连接桥式整流滤波及稳压电路的连接与参数设计。

（3）打印输出元器件采购明细报表。

3．电路原理图设计准备

可供参考的桥式整流滤波稳压电路原理图如图 3-1 所示。

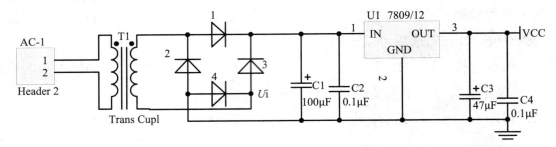

图 3-1　可供参考的桥式整流滤波稳压电路原理图

4．打印元器件采购明细报表

增加 Value 值的元器件采购明细报表如图 3-2 所示。

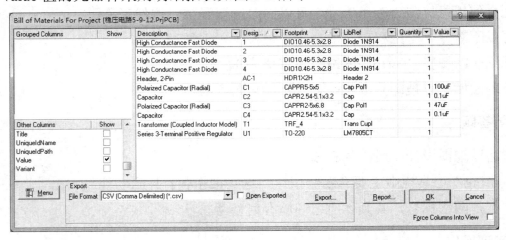

图 3-2　增加 Value 值的元器件采购明细报表

<h3 style="text-align:center">实训 3.3　OTL 电路设计</h3>

（1）实训任务。

① 进一步熟悉 OTL 电路原理图设计用到的相关元器件库。

② 参照 OTL 电路原理图进行元器件布局。

③ 集群编辑元器件标号，字体为黑体，字号为小四。

④ 学会设置输出喇叭的网络端口。

（2）任务目标。

① 理解并掌握 OTL 电路原理图。

② 掌握 OTL 电路涉及元器件的选择与属性的设置操作。

③ 掌握电路元器件集群编辑操作及网络端口的设置方法。

④ 培养学生温故知新的能力。

（3）绘制 OTL 电路原理图并进行集群编辑。

绘制 OTL 电路原理图（见图 3-3）（也可以自行设计），并进行符合 Protel 设计规范的修改（参考《电子技术基础与技能》《电路》等教材中涉及的电路图）。

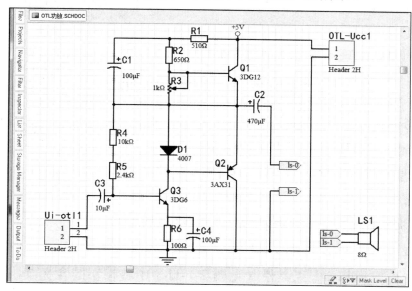

图 3-3　OTL 电路原理图

（4）打印 Excel 格式的元器件采购明细报表。

实训 3.4　LM386 集成音频功率放大器设计

（1）实训任务。

① 熟悉并掌握 LM386 集成音频功率放大器设计。

② 参照 LM386 集成音频功率放大器电路原理图进行元器件布局。

③ 学会生成网络表。

（2）任务目标。

① 理解并掌握 LM386 集成音频功率放大器电路原理图。

② 掌握 LM386 集成功率放大器电路涉及的元器件各引脚的选择与属性设置操作。

③ 进一步掌握电路原理图检查、错误修改操作，以及网络端口的设置方法。

④ 培养学生独立对比思考问题、实际处理问题的能力。

（3）绘制 LM386 集成音频功率放大器电路原理图。

绘制 LM386 集成音频功率放大器电路原理图（见图 3-4）（参考《电子报》等杂志报纸相关功率放大器应用文章），并进行符合 Protel 设计规范的再设计（参考《电子技术基础与技能》《电路》等教材中涉及的电路图）。

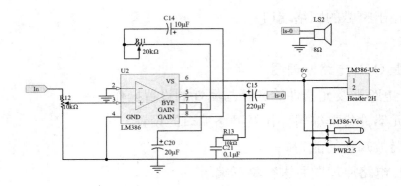

图 3-4　LM386 集成音频功率放大器电路原理图

（4）学生自行设置电路原理图中的某个电气错误，进行电路原理图错误检查，并修正该错误。

（5）将正确的电路原理图生成网络表并输出。

实训 3.5　自制原理图库 C002

（1）实训任务。

① 进一步熟悉并掌握建立原理图库的方法。

② 独立完成原理图库 C002 的设计与库添加应用的操作。

（2）任务目标。

① 理解并掌握绘制 C002（COB 封装）图形符号的方法。

② 掌握 C002 各引脚的连接含义。

③ 进一步掌握"Utilities"工具栏（见图 2-1-11）中各按钮的含义。

④ 培养学生学以致用的意识与实际处理问题的能力。

（3）绘制原理图库 C002。

C002 实物图及图形符号图分别如图 3-5 和图 3-6 所示。

图 3-5　C002 实物图

图 3-6　C002 图形符号

第三单元实训综合评价表

班级		姓名		PC 号		学生自评成绩	
考核内容			配分	重点评分内容			扣分
1	图纸及页面设置		10	根据电路原理图的大小定义电路原理图图纸大小及页面的相关参数			
2	在电路原理图编辑环境设置其他参数		5	熟练进行捕捉栅格、可视栅格、电气栅格等设置操作			
3	元器件常规编辑操作		5	完全掌握复制、移动、陈列粘贴等操作			
4	创建新的原理图库		15	使用绘制工具创建原理图库，如引脚、电气规则等相关具体参数设置			
5	原理图库的添加使用		15	添加原理图库操作准确			

续表

班级		姓名		PC号		学生自评成绩	
考核内容			配分	重点评分内容			扣分
6	绘制导线、添加网络端口		15	参照电路原理图，熟练掌握导线连接、网络端口添加及属性设置的方法			
7	放置总线、总线分支线		15	参照电路原理图进行总线、总线分支线的绘制			
8	电路原理图的检查		5	能处理一般性错误，并及时修正更新			
9	生成元器件的各种报表，打印输出电路原理图		5	熟练掌握元器件采购明细报表设置，会用 Excel 电子表格输出报表			
反馈	在绘制电路原理图过程中完成的较理想的操作有哪些		5	—			
	操作存在什么问题		5	—			
教师综合评定成绩				教师签字			

第四单元　工程项目电路原理图高级设计

本单元综合教学目标

通过学习本单元，了解并熟知层次电路原理图的概念，学会层次化电路原理图端口设计设置操作及相关属性设置操作，熟练掌握层次电路原理图操作，并能将一个较复杂的电路原理图设计成一个模块式的、具有层次的电路原理图。

岗位技能综合职业素质要求

1. 掌握层次电路原理图设计流程。
2. 能够熟练运用层次设计方法绘制电路原理图。
3. 掌握层次电路原理图之间的切换操作。
4. 重点掌握各个电路原理图之间通过端口或网络标号建立电气连接的方法。

核心素养与课程思政目标

1. 进一步加强电路原理图设计操作相关信息意识，培养分层思维。
2. 进一步增强软件中的英文识别与软件应用能力。
3. 促进独立思考，培养严谨做事思维方式。
4. 学会多通道设计操作，强化应用意识，强化电气连接信息意识。
5. 熟知层次电路原理图设计操作，培育符合社会主义核心价值观的审美标准。
6. 爱岗敬业，增强职业道德感，自信自强、守正创新。
7. 强化电子技术信息社会责任。
8. 贯彻党的二十大精神，自觉践行社会主义核心价值观。

项目一　多功能定时控制器电路原理图层次设计

学习目标

（1）熟悉电路原理图层次设计的思路与方法。

（2）能进行多功能定时控制器电路原理图层次设计操作，学会元器件属性编辑操作。

（3）掌握电路电气控制连接相关检查方法。

○ 问题导读

大规模电路原理图如何设计

当一个较繁杂的电路原理图无法在一张 A4 纸上绘制时，应如何解决呢？当多人合作绘制一个工程项目的电路图时，应如何操作呢？显然，将较大的电路原理图设计在一张图纸上，会存在如下问题。

（1）电路原理图需要改用更大幅面的图纸。因此在打印图纸时会遇到打印机输出图纸最大幅面是有限的这个问题。

（2）设计者检查电气连接及修改电路比较困难。

（3）其他设计人员较难读懂电路原理图，这为参与工程项目的设计者交流带来诸多不便。

绘制层次电路原理图就可以解决以上问题。所谓电路原理图层次设计就是把一个完整的电路系统按照功能分解成若干个子系统，即子功能电路模块，如果有需要，可以把子功能电路模块再分解成若干个更小的子功能电路模块，然后用模块电路原理图的 I/O 口将各子功能电路模块连接起来。层次电路原理框图如图 4-1-1 所示。

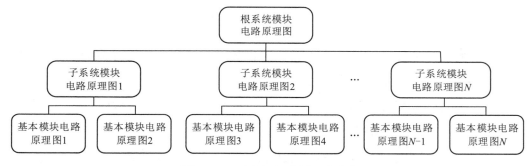

图 4-1-1　层次电路原理框图

电路原理图层次设计可以采用自顶向下或自底向上的设计方法。

（1）自顶向下逐级设计层次电路原理图：先建立根系统模块电路原理图，从宏观上设计好各层模块电路原理图，并正确连接；再由上层模块电路原理图产生下一层模块电路原理图，从微观上实现各个模块功能。

（2）自底向上逐级设计层次电路原理图：先建立底层模块电路原理图，从微观上设计各个模块电路原理图并正确连接；再由下层模块电路原理图产生上一层或顶层模块电路原理图，从宏观上实现各个模块功能。图 4-1-2 所示为多功能定时控制器主板及部分控制模块实物图。

（a）多功能定时控制器主板　　（b）家庭救护报警模块　　（c）继电器模块　　（d）温度传感器模块

图 4-1-2　多功能定时控制器主板及部分控制模块实物图

正负可调电源功率放大器层次电路设计

详见教材配套的数字化资源库——第四单元拓展模块案例一。

知识链接

多功能定时控制器

（1）功能说明。整个电路结构由多功能定时控制器主板和各种控制模块电路组成。对于各小模块，设计者如果感兴趣可以自己设计，也可以从线上各大电商平台或线下电子元件商场直接购买。

（2）各模块电路原理简介。各模块电路设计参考《电子技术基础与技能》《传感器技术及应用》《模拟电路》《单片机一体化应用技术基础教程》等相关教材或网站上的相关资料，同时参考购买的模块功能介绍。

任务一 层次电路原理图的建立与绘制

做中学

本例采用自顶向下逐级设计层次电路原理图方式进行设计，具体操作步骤如下。

（1）启动 Protel，新建层次电路根系统方框原理图，依次选择"File"→"New"→"Project\PCB Project"命令，建立 PCB 工程文件；依次选择"File"→"Save Project"命令，将工程文件保存为名为"多功能定时控制器.PRJPCB"的文件。

（2）依次选择"File"→"New"→"Schematic"命令，新建原理图文件，并将其保存为名为"Timer controller main.SCHDOC"的文件。

（3）单击"Wiring"工具栏中的 按钮，或者依次选择"Place"→"Sheet Symbol"命令，进入放置方框原理图状态。工作界面中的鼠标指针变成十字形，并附加方框原理图的标志，此时按下"Tab"键，出现"Sheet Symbol"对话框，将该对话框中的"Designator"文本框改为"Timer controller"，在"Filename"文本框中输入该方框原理图对应的子原理图文件名"Timer controller.SCHDOC"，单击"OK"按钮。

（4）移动鼠标指针到电路原理图合适位置，单击确定方框原理图标志的左上顶点的位置，过程效果如图4-1-3所示。

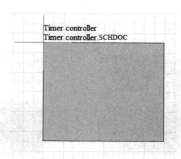

图4-1-3 放置方框原理图过程效果

（5）继续移动鼠标指针，此时方框原理图的大小将随之改变，到合适大小时单击，将方框原理图标志放置在工作界面中，右击退出放置状态。此时完成了"Timer controller"方框原理图的放置。

（6）接下来，设置方框原理图I/O口。单击"Wring"工具栏中的▣按钮或依次选择"Place"→"Add Sheet Entry"命令，进入放置方框原理图I/O口状态，鼠标指针变成十字形，将鼠标指针移动到刚才放置好的方框原理图符号上单击，一个端口符号悬浮在鼠标指针上，按下"Tab"键，出现如图4-1-4所示的"Sheet Entry"对话框。下面以DS18B20温度传感器模块为例来讲解连接操作。DS18B20温度传感器输出信号端占用AT89S52的P3.3引脚，将"Sheet Entry"对话框的"Name"设置为"P33"，将"I/O Type"设置为"Input"，单击"OK"按钮关闭对话框。移动鼠标指针到"Timer controller"方框原理图上，单击放置该端口。接下来依次放置直流电动机控制模块输出端口P10、P11、P12；三极管控制继电器控制端口P22、P26；LCD1602显示控制端口P00~P07、P23、P24、P25。各端口放置完成效果如图4-1-5所示。

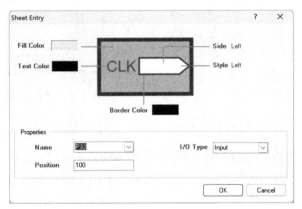

图4-1-4　"Sheet Entry"对话框

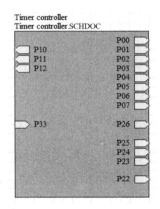

图4-1-5　各端口放置完成效果

😊 特别注释

- "Name"下拉列表：用于指定该方框原理图I/O口的名称。
- "I/O Type"下拉列表：和第三单元中的I/O口的属性设置一样。
- "Side"下拉列表：用于确定把I/O口放置在方框原理图的左边还是右边。
- "Position"下拉列表：用于确定把I/O口放置在方框原理图的什么位置。

（7）接下来，与（2）～（6）步操作相同。在"Timer controller"方框原理图的右边依次建立"DC motor"（直流电机模块）方框原理图、"LCD1602"（LCD 1602模块）方框原理图、"JDQ"（继电器模块）方框原理图、"DS18B20"（温度控制模块）方框原理图，并将I/O口用导线连接起来。放置完成的方框原理图效果如图4-1-6所示。

（8）接下来绘制子电路原理图，从而实现各模块的功能。依次选择"Design"→"Create Sheet From Symbol"命令，鼠标指针变成十字形，移动鼠标指针到"JDQ"方框原理图的"JDQ.SCHDOC"上单击，弹出如图4-1-7所示的对话框，询问在创建子电路原理图时是否将信号的输入、输出方向取反，单击"No"按钮，使方框原理图的输出端口与子电路原理图中的输入端口的 I/O 特性一致。

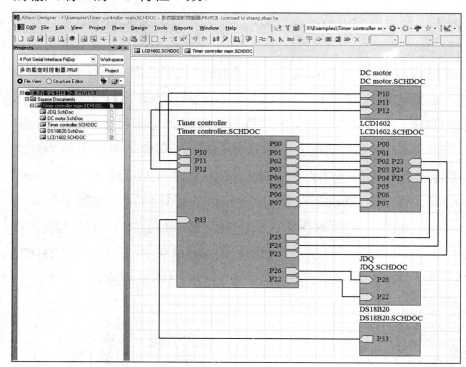

图 4-1-6　放置完成的方框原理图效果

图 4-1-7　"Confirm" 对话框

（9）系统将自动为 "Timer controller" 方框原理图创建一个子电路原理图，该电路原理图名称为 "JDQ.SCHDOC"。生成的子电路原理图中自动生成了 2 个输出端口与之对应，按第三单元绘制电路原理图的操作绘制继电器模块（含家庭救护报警器及 LED 警示灯）的电路原理图，如图 4-1-8 所示。

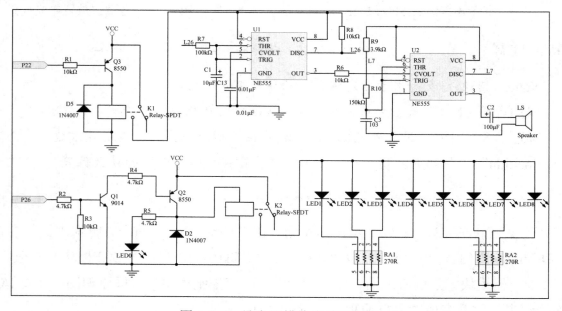

图 4-1-8　继电器模块电路原理图

（10）操作同（8）～（9），创建各模块电路原理图，包括 DC motor.SCHDOC（直流电动机模块）、LCD1602.SCHDOC（LCD 1602 模块）、DS18B20.SCHDOC（温度控制模块）、Timer controller.SCHDOC（多功能定时控制器主模块）。各模块电路原理图如图 4-1-9 所示。

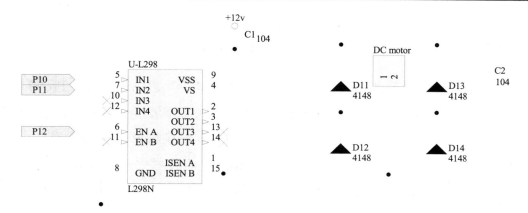

（a） 直流电动机模块电路原理图

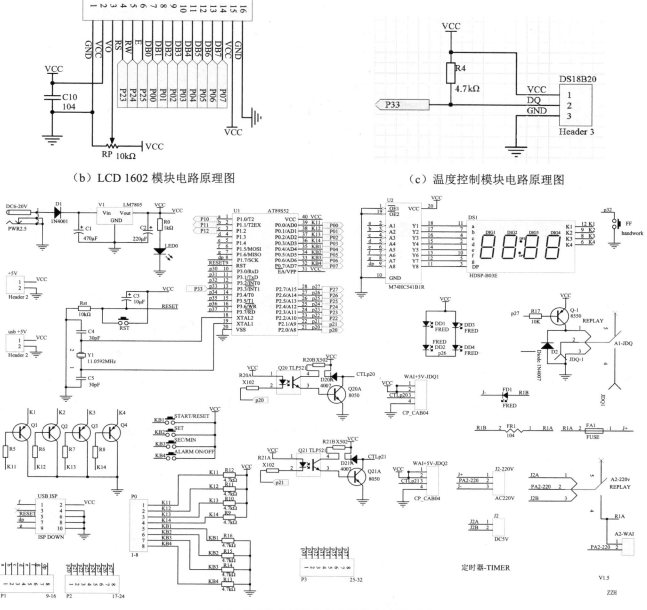

（b）LCD 1602 模块电路原理图　　　　　　　　　（c）温度控制模块电路原理图

（d）多功能定时控制器主模块电路原理图

图 4-1-9　各模块电路原理图

（1）多功能定时控制器主模块电路原理图中的核心芯片为 AT89S52，Protel 默认未存放此元器件的原理图库，需要通过新建原理图库（名称定为 89S52）来完成设计（其他缺少的芯片符号操作与此相同）。参考第三单元项目二中的任务三创建原理图库文件。

（2）在绘制电气图形符号时，注意使用"Utilities"工具栏中的 ᴬᵈ 按钮。在添加引脚时注意对话框中相关参数的设置。具体设计可上网查阅相关内容。限于篇幅，此处不再详述。

（11）最后，将建立的所有文件保存。最终的"Projects"面板如图 4-1-10 所示。这样就完成了采用自顶向下逐级设计层次电路原理图方式设计的多功能定时控制器层次电路电理图。

图 4-1-10　最终的"Projects"面板

任务二　电路原理图电气控制连接检查

做中学

（1）启动 Protel，打开任务一中建立的"多功能定时控制器.PRJPCB"工程文件。

（2）在"Projects"面板中双击"Timer controller main.SCHDOC"选项。

（3）依次选择"Design Compiler"→"Navigator"命令，打开"Navigator"面板，此时"Navigator"面板是空白的。

（4）单击"Navigator"面板右上角的 Interactive Navigation 按钮，鼠标指针变成十字形，移动鼠标指针到继电器模块的 P26 端口上单击，进入 JDQ.SCHDOC 电路原理图中的 P26 端口显示状态，效果如图 4-1-11 所示。

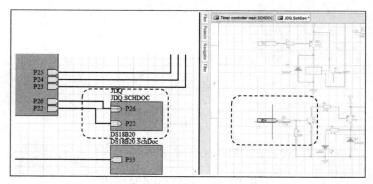

图 4-1-11　将鼠标指针移动到继电器模块 P26 端口单击的效果

（5）此时右击，结束当前交互式导航，再单击一次进入正常显示状态。前后操作对比可发现输出端口与输入电气连接正确。

（6）单击"Navigator"面板中的"JDQ.SCHDOC"中的"Net/Bus"选区中的"Ports"选项，如图 4-1-12 所示。

（7）单击如图 4-1-12 所示的"Net/Pins"栏前面的 P26 端口，跳转到"Timer controller.SCHDOC"文件，此时是掩膜显示，如图 4-1-13 所示，这说明主电路芯片设计输出端口正常。

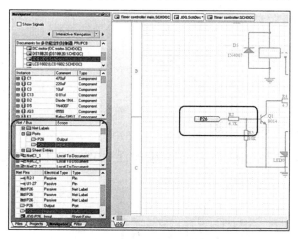
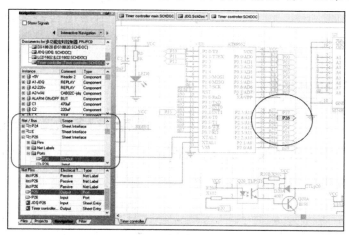

图 4-1-12　"Net/Bus"选区展开效果图　　图 4-1-13　跳转到"Timer controller.SCHDOC"文件（掩膜）

至此，通过前后操作对比，我们已经看得十分清楚，电路电气连接正常，即此层次电路原理图设计正确。

专业术语

掩膜（Mask）

通过学习第三单元可知，电路原理图检查、编译结果显示在"Messages"面板中，单击有错误的元器件，电路原理图中没有被选中的元器件和网络连线呈灰色（半透明浅色），好像蒙有一层磨砂玻璃，这就是 Protel 的掩膜功能。在本任务中，图 4-1-11～图 4-1-13 是掩膜显示效果图。单击工作界面右下角的"Clear"按钮，或者在电路原理图编辑界面的空白地方单击就可以取消掩膜显示效果。

项目二　爱心彩灯单片机电路多通道设计

教学微课

学习目标

（1）学会层次电路原理图设计方法，利用"Repeat"语句进行多通道设计。

（2）能独立完成爱心彩灯单片机电路多通道设计。

问题导读

多通道设计是什么

在绘制电路原理图时，可能会出现一个功能电路包含多个具有相同功能的小电路的情况，如果将多个具有相同功能的小电路一个个画出来再一一连线会很麻烦。像这样功能完全相同的电路有时要重复设计很多次，有没有一种设计方法可以解决重复设计问题呢？答案是有。

针对这种情况，可以利用 Protel 多通道设计方法，即在设计电路原理图时只设计一个功能电路模块作为子图，在顶层电路原理图中调用这个子图，然后根据实际情况设置子图的 I/O 口即可。

⚪ 知识拓展

四路抢答器多通道设计

详见教材配套数字化资源库——第四单元拓展模块案例二。

⚪ 知识链接

没有进行多通道设计的电路原理图

某公司推广的 40 路电动车快速充电站充电端口控制电路部分电路原理图如图 4-2-1 所示，很明显，这个电路充电端口没有进行多通道设计。

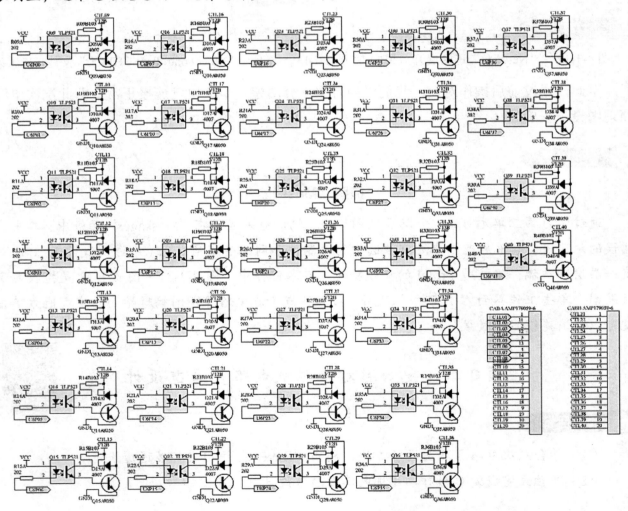

图 4-2-1　40 路电动车快速充电站充电端口控制电路部分原理图

任务一　爱心彩灯多通道设计

在实际电路产品设计中二极管，尤其是 LED，是应用的基础元器件之一，本任务是对第一单元中的爱心彩灯单片机电路进行 Protel 多通道设计。重复引用命令的格式为"Repeat（子图符号，第一次引用的通道号，最后一次引用的通道号）"。这个例子采用自顶向下逐级设计层次电路原理图方式创建多通道电路原理图。在创建多通道电路原理图前要先创建一个项目文件。

做中学

（1）启动 Protel，依次选择"File"→"New"→"Project"→"PCB Project"命令，建立包含 32 个 LED 的爱心彩灯 PCB 项目文件，单击"保存"按钮，将文件命名为"32LEDS heart 父图.PrjPCB"，如图 4-2-2 所示。

（2）依次选择"File"→"New"→"Schematic"命令，新建原理图文件"Sheet1.SCHDOC。"再单击"保存"按钮，保存文件名为"32LEDS heart 父图.SCHDOC"。

（3）单击"Wiring"工具栏中的▦按钮，工作界面中的鼠标指针变成十字形，并附加方框原理图的标志，此时按下"Tab"键，弹出"Sheet Symbol"对话框，如图 4-2-3 所示。将该对话框中的"Designator"文本框修改为"32LEDS"，在"Filename"文本框中输入该方框原理图对应的子功能原理图文件名"32LEDS heart.SCHDOC"，其余选项保持默认值，单击"OK"按钮。具体绘制添加操作方法同本单元项目一任务一中所述，此处不再赘述。

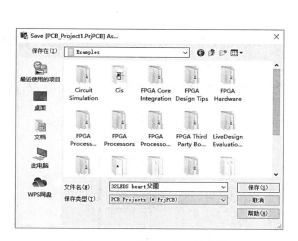

图 4-2-2 "Save"对话框

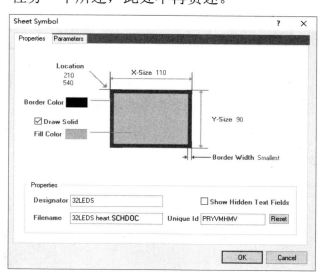

图 4-2-3 "Sheet Symbol"对话框

（4）操作方法同（2）和（3），在"32LEDS heart.SCHDOC"方框原理图右边建立"32LEDS.SCHDOC"方框原理子图，符号名为"Repeat（32LEDS,1,32）"，文件名为"32LEDS.SCHDOC"，如图 4-2-4 所示。编辑原理图文件"32LEDS heart 父图.SCHDOC"，将其作为父图设计的操作结果。

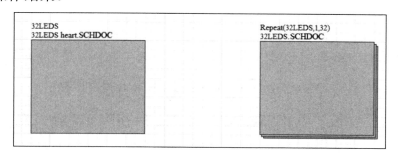

图 4-2-4 建立"32LEDS.SCHDOC"方框原理图

（5）单击"Wiring"工具栏上的按钮，放置连接端口，即对应的 32 路 LED 设计操作，并通过总线与导线彼此连接。电路原理图绘制及操作方法详见第三单元，将绘制好的"32LED heart 父图.SCHDOC"作为根系统电路原理图，如图 4-2-5 所示。

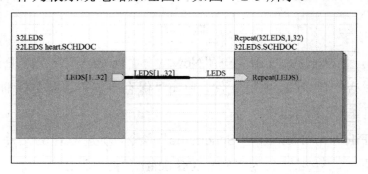

图 4-2-5　通过总线与导线进行连接效果图

☺ **特别注释**

（1）对于图 4-2-5，注意 Net 网络标号的标注。总线左边是总线网络标号 LEDS[1..32]，总线右边是导线网络标号 LEDS。

（2）注意，方框原理图端口的名称一定要与定义的重复变量名一致。

（6）接下来绘制 32LEDS heart.SCHDOC 和 32LEDS.SCHDOC 两个子电路原理图，操作方法同前文所述，电路原理图编辑结果如图 4-2-6 和图 4-2-7 所示。

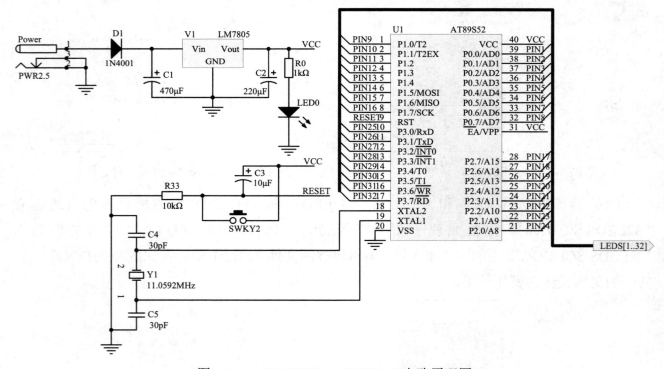

图 4-2-6　32LEDS heart.SCHDOC 电路原理图

（7）依次选择"File"→"Save All"命令，保存所有文件，建成的项目文件列表如图 4-2-8 所示。

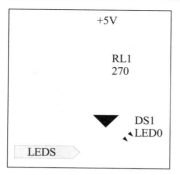

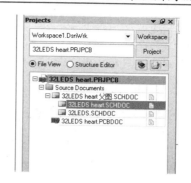

图 4-2-7　32LEDS.SCHDOC 电路原理图　　　　图 4-2-8　建成的项目文件列表

任务二　多通道设计创建网络表

（1）依次选择"Design"→"Netlist For Project"→"Protel"命令，建立爱心彩灯单片机电路多通道设计的网络表，如图 4-2-9 所示。

（2）单击"Netlist Files"前面的加号，展开后，双击"32LEDS heart.NET"打开。分析网络表可以看出，32LEDS.SCHDOC 电路原理图中的元器件在网络表内部都加上了不同的后缀，如 DS1 在网络列表内分别以 DS1_32LEDS1……DS1_32LEDS32 的形式出现。建成的"32LEDS heart.NET"的网络表如图 4-2-10 所示。

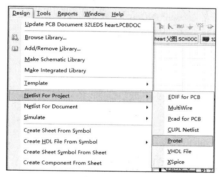

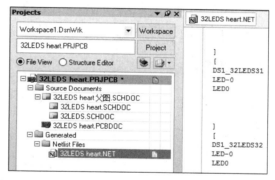

图 4-2-9　依次选择"Design"→"Netlist
For Project"→"Protel"命令

图 4-2-10　建成的"32LEDS heart.NET"网络表

> **技能重点考核内容小结**

（1）掌握自顶向下逐级设计层次电路原理图的方式。
（2）熟练掌握方框原理图及端口操作与其对话框属性设置方法。
（3）熟悉层次电路原理图切换方法及检查操作。
（4）学会利用"Repeat"语句进行多通道设计与网络表核对检查方法。

> **习题与实训**

一、填空题

1．把一个完整的电路系统按功能分解成若干个子系统，即子功能电路模块，是 Protel 具有的_____设计。

2．单击"Place"菜单下的_____菜单项，即可进入放置方框原理图状态。

3．在进行多通道设计时使用的重复引用命令是_____。

二、选择题

1. 依次选择"Design"→"Netlist for Project"→"Protel"命令，"Projects"面板中默认出现的文件的扩展名为_____。

    A．SCHLIB   B．PRJ   C．NET   D．REP

2. 利用_____菜单下的"Up/Down Hierarchy"命令可以完成层次电路原理图的精确切换。

    A．Design   B．Project   C．Place   D．Tools

3. 选择_____菜单下的"Report Project Hierarchy"（工程项目生成报告）命令，在"Projects"面板中会出现一个名为"Generated"（生成报告）的文件夹。

    A．Design   B．Report   C．Place   D．Project

三、判断题

1. 在层次电路设计中，必须建立一个设计工程项目。   （   ）

2. 在总电路原理图中除了放置方框原理图和方框原理图端口，其他所有对象，如元器件图形符号、电源图形符号等，都不可以放置。   （   ）

3. 依次选择电路原理图编辑界面左下方的"Design Compiler"→"Navigator"命令，可以打开"Navigator"面板。   （   ）

4. 进行多通道设计的关键之一是注意设置不相同子图的重复引用次数。   （   ）

四、简答题

简述利用"Repeat"命令建立多通道电路的主要步骤。

五、实训操作

实训4.1 NE5532、STC90C58RD+原理图库设计

1. 实训任务

（1）建立 NE5532 原理图库，其封装和内部结构如图 4-1 所示。

（2）建立 STC90C58RD+原理图库，如图 4-2 所示。

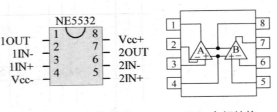

（a）NE5532 的封装   （b）内部结构

图 4-1 NE5532 的封装和内部结构

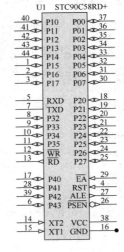

图 4-2 STC90C58RD+原理图库

2．任务目标

（1）学会新建原理图文件的操作方法。

（2）重点掌握原理图库编辑器中相关工具按钮的功能与操作方法。

（3）注意掌握各种芯片原理图库中相关芯片符号引脚的具体编辑操作方法。

实训 4.2 模拟两路循环彩色信号灯设计

1．实训任务

（1）要求对原理图库进行熟练操作。

（2）对 NE555 应用电路设计（参考《电子技术基础与技能》等教材中的 NE555 电路应用设计）。

（3）进一步熟悉 74LS 系列集成电路的应用。

2．任务目标

（1）学会原理图库的查找与使用方法。

（2）重点掌握 NE555 及 74LS 系列集成电路的连接与参数设置方法。

（3）可以进行层次电路设计。

3．绘制电路原理图

（1）先绘制模拟两路循环彩色信号灯电路原理图，如图 4-3 所示。

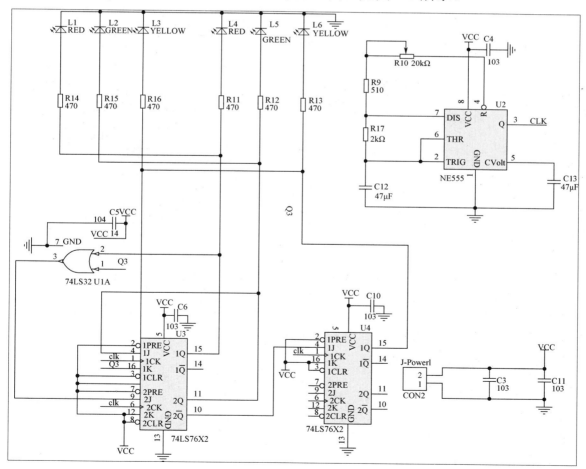

图 4-3　模拟两路循环彩色信号灯电路原理图

（2）分析模拟两路循环彩色信号灯电路原理图，进行电路分解，将电路设计成层次电路。

实训4.3　全国绘图员职业资格认证（电路原理图设计部分）模拟考试

操作内容与要求如下。

（1）创建工程文件和原理图文件，将工程文件命名为"2023.PRJPCB"，将原理图文件命名为2023A.SCHDOC。（2分）

（2）电路原理图采用A4图纸，并将绘图者姓名和"印刷电路板电路原理图"放入标题栏中相应位置。（2分）

（3）自制原理图库，其文件名为2023B.SCHLIB，snap=10，元器件为3个引脚，将元器件命名为78LS12，如图4-4所示。（4分）

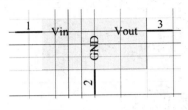

图4-4　78LS12

（4）设计符合要求的电路原理图，如图4-5所示。（10分）

注意，绘图前必须添加库文件：ST Operational Amplifier.INTLIB。

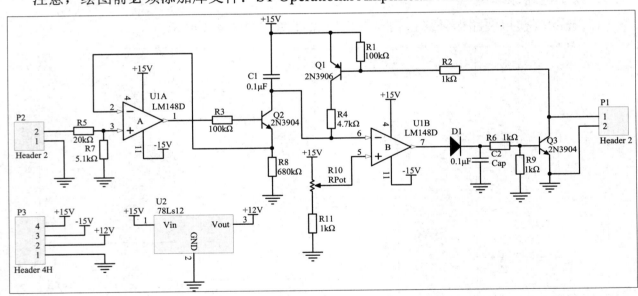

图4-5　电路原理图

（5）创建网络表文件。（1分）

（6）创建元器件采购明细报表，放入考生文件夹。（1分）

（7）各元器件采用如下封装。（5分）

电容及电阻：AXIAL-0.5。

Header 2：HDR1X2H。

LM148D：DIP-14。

78LS12：09pcbB（自制）。

其他元件采用系统默认封装。

第四单元实训综合评价表

班级		姓名		PC 号		学生自评成绩	109
考核内容			配分	重点评分内容			扣分
1	创建工程文件和原理图文件：工程文件命名为 2023.PRJPCB，原理图文件命名为 2023A.SCHDOC		2	两个文件建立正确			
2	电路原理图图纸参数设置： 采用 A4 图纸，并将绘图者姓名和"印刷电路板电路原理图"放入标题栏中相应位置		2	图纸参数设置正确 标题栏内容放置正确			
3	自制原理图库： 文件名为 2023B.SCHLIB，snap=10，元器件为 3 个引脚元器件，命名为"78LS12"		4	原理图库创建正确 具体参数符合要求			
4	电路原理图编辑（绘图前添加库文件：ST Operational Amplifier.INTLIB）		10	库文件 ST Operational Amplifier.INTLIB 添加正确，设计符合要求			
5	创建网络表文件		1	网络表文件创建正确 内容正确			
6	创建元器件采购明细报表并放入考生文件夹		1	元器件采购明细报表创建正确 生成 Excel 电子表格 文件类型正确			
7	电路原理图及元器件综合检查		5	元器件参数、布局等合理			
综合评定成绩				教师签字			

注：全国绘图员职业资格认证（电路原理图设计部分）模拟考试评分细则。

第五单元　工程项目 PCB 操作基础

本单元综合教学目标

　　熟知 PCB 元素、层管理、设计环境，学会创建封装库、添加封装库、导入网络表等操作，掌握 PCB 设计流程，学会设置 PCB 参数，掌握单层 PCB 及双层 PCB 的设计方法，理解 PCB 设计规则，重点掌握 PCB 的布局、布线原则与操作方法，掌握 PCB 的设计规则校验方法，学会查阅错误信息并进行修改。

岗位技能综合职业素质要求

1. 熟知 PCB 元素、层管理、设计环境。
2. 能熟练进行封装库添加和关闭操作。
3. 掌握创建封装库的操作方法及操作步骤。
4. 掌握铜膜导线、焊盘的编辑及元器件属性的修改方法。
5. 会精确放置安装孔，并进行属性设置。
6. 掌握元器件自动布局与交互式布局操作。
7. 能按照要求利用 Protel 的自动布线及交互式布线功能进行布线。
8. 掌握 PCB 的设计规则校验方法，并能对错误进行修改。

核心素养与课程思政目标

1. 提高 PCB 及库设计操作相关信息意识，培养模式识别思维。
2. 增强软件中的英文识别与软件应用能力。
3. 提高独立思考能力，培养严谨做事思维。
4. 学会 PCB 布局布线操作方法，强化应用意识，强化电气连接信息意识。
5. 切实掌握布局布线电路操作方法，培养符合社会主义核心价值观的审美标准。
6. 爱岗敬业，强化职业道德，自信自强、守正创新。
7. 强化 PCB CAD 技术信息社会责任。
8. 贯彻党的二十大精神，自觉践行社会主义核心价值观。

项目一　PCB 设计基础

学习目标

（1）了解 PCB 概念，熟悉 PCB 元素。

（2）熟识 PCB 工作层和相关参数设置。

问题导读

什么是PCB

在日常生活及工业产品生产中，各种电子产品，小到电子手表、计算器、智能手机、平板电脑、笔记本电脑、台式电脑及各种家用电器，大到超级计算机、电子通信设备、军用武器系统等，其工作的核心之一就是PCB，它的中文含义是印制电路板，由于它是采用电子印刷技术工艺制作的，故又被称为印刷电路板，简称印制板。

PCB的作用是什么呢？我们可以这样理解，PCB是重要的电子部件，是元器件的支撑体，是元器件实现电气连接的载体。PCB由绝缘底板、连接导线和装配焊接元器件的焊盘组成，具有导电线路和绝缘底板的双重作用。

知识拓展

设计PCB一般流程

（1）设计PCB的前期准备工作。设计PCB的前期准备工作主要是绘制电子产品的电路原理图，并生成网络表，相关内容前文已经进行了详细介绍。

（2）设置PCB工作环境参数。这是设计PCB过程中非常重要的步骤，主要内容有规定PCB的结构、尺寸、板层参数、栅格的大小和形状及布局参数，大多数参数可以采用系统的默认值，但设计者需要熟悉。

（3）设置PCB布线规则。设置PCB布线规则就是设置PCB布线时的各种规范，如安全间距、导线宽度等，这是自动布线的依据。设置PCB布线规则是PCB设计的关键步骤之一，需要根据一定的实践经验进行设置。

（4）更新网络表和PCB。网络表是PCB自动布线的"灵魂"，也是电路原理图和PCB的端口。只有将网络表引入PCB，Protel才能对PCB进行自动布局、布线。

（5）修改元器件封装与布局。在设计电路原理图时，元器件的封装可能被遗忘或被不准确使用，在引入网络表时可以根据实际情况来修改或补充元器件的封装。导入正确的网络表后，系统将自动载入元器件封装，并根据PCB布线规则对元器件进行布局并产生飞线。

（6）自动布线。Protel的自动布线功能比较完善，也比较强大。它采用先进的无栅格设计，只要参数设置得合理，布局妥当，一般都会很成功地完成自动布线。

（7）交互式布线。在设计高质量的PCB时，若出现I/O口、核心元器件与周围元器件之间的信号干扰等问题，必须进行交互式布线。

（8）保存所有文件，输出各种文档及报表。

知识链接

PCB设计的几个关键点

PCB的作用不仅仅是组合零散的元器件，还保证着电路设计的规范性。PCB设计的关键点如下。

1. 整体设计相对合理

如输入/输出、交流/直流、强信号/弱信号、高频/低频、高电压/低电压等线路的设计应该是呈线形的（或分离的），不得相互交融。直流、小信号、低电压系统的 PCB 设计要求可以稍低，因此"合理"是相对的。

2. 接地点往往是最重要的

小小的接地点是所有工程技术人员绕不开的话题，足见其重要性。在一般情况下，要求共地。实际上因各种限制，这是很难完全做到的，但应尽力遵循。

3. 合理布置电源滤波/退耦电容

一般在电路原理图中仅画出若干电源滤波/退耦电容，并不指出它们各自应接于何处。其实这些电容是为开关器件（门电路）或其他需要滤波/退耦的元器件而设置的。这些电容应尽量靠近这些元器件，离得太远就没有作用了。

4. 线径要求

有条件做宽的线决不做细；高电压及高频线应圆滑，不得有尖锐的倒角，拐弯处不可是直角。地线应尽量宽，最好使用大面积覆铜，这样做可以极大改善接地点问题。

5. 埋孔、通孔大小适当

焊盘或过孔尺寸太小，不利于人工钻孔；焊盘尺寸与钻孔尺寸配合不当，不利于数控钻孔。

6. 过孔数目、焊点及线密度

有些问题在 PCB 制作初期是不容易被发现的，它们往往会在后期涌现出来，如过孔太多，沉铜工艺稍有不慎就会埋下隐患。因此，设计中应尽量减少过孔。若同向并行的线条密度太大，则在焊接时很容易连成一片。因此，线密度应视焊接工艺水平而定。焊点最小距离的确定应综合考虑实际焊接人员的素质和工效。

综合考虑以上几点，有利于我们在很大程度上提高 PCB 设计效率与产品质量，并缩短返工时间，降低材料投入成本。

任务一　PCB 元素

读中学

1. PCB 元素主要有哪些

图 5-1-1 所示为 PCB 实物图，下面结合图 5-1-1 来了解 PCB 元素。

（1）铜膜导线（Track）：是覆铜板经过加工后在 PCB 上的铜膜走线，简称导线，它的主要作用是连接 PCB 上各个焊盘，是 PCB 的重要组成部分，其走线角度必须大于 90°。导线的主要属性为宽度及铜箔厚度，这两个因素决定着电路中的电流强度。

（2）焊盘（Pad）：用于焊接各种元器件，在实现电气连接的同时起固定作用。焊盘的基本属性有形状、所在层、外径及孔径。双层 PCB 及多层 PCB 的焊盘的孔壁都经过了金属化处理，对于 DIP 式元器件，Protel 将焊盘自动设置在 Multi-Layer 层；对于 SMD 式元器件，Protel 将焊盘与元器件设置在同一层。

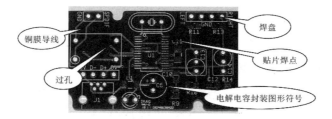

图 5-1-1 PCB 实物图

焊盘是 PCB 设计中最常接触也是最重要的概念之一。各元器件间通过焊盘连导线形成最基本的电气连接。在设计焊盘时要考虑以下原则。

① 当焊盘形状长短不一致时，要考虑连线宽度与焊盘特定边长的大小差异不能过大。

② 当需要在元器件引脚之间走线时，选用长短不对称的焊盘往往事半功倍。

③ 各元器件焊盘的大小要按元器件引脚粗细分别编辑，确定原则是孔的直径比引脚直径大 0.2～0.4 mm。

④ 焊盘的三种类型：在"Pad"（焊盘）对话框中，单击"Size and Shape"（大小和形状）选区中的"Shape"（形状）下拉按钮，除默认的"Round"（圆形）选项外，还有"Rectangle"（矩形）选项和"Octagonal"（八角形）选项，如图 5-1-2 所示。

（3）过孔（Via）：也称金属化孔，用于实现不同工作层间的电气连接。过孔内壁同样做金属化处理，它是完成较复杂 PCB 布线的重要元素之一。应该注意的是，过孔仅提供不同工作层间的电气连接，与元器件引脚的焊接及固定无关。过孔分为三种，从顶层贯穿至底层的过孔称为通孔（Through Via）；只实现顶层或底层与中间层连接的过孔称为盲孔（Blind Via）；只实现中间层连接，而没有穿透顶层或底层的过孔称为埋孔（Buried Via）。

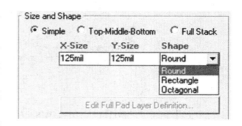

图 5-1-2 "Size and Shape"选区

在这三种过孔中通孔工艺最易完成，在没有特殊注明的情况下，默认采用通孔工艺生产。元器件封装图形符号反映了元器件外形轮廓的形状及尺寸，与元器件的引脚布局一起构成元器件的封装。印制元器件封装图形符号的目的是在 PCB 上显示元器件的布局信息，为装配、调试及检修提供便利。元器件封装图形符号被设置在丝印层。

（4）PCB 上的辅助说明信息：为了阅读 PCB 或便于进行装配、调试、检修等，特定加入一些辅助信息，包括图形、Logo 或一些文字。这些信息一般设置在丝印层，在不影响顶层或底层布线的情况下，也可以设置在顶层或底层。

2. 什么是 Protel 元器件封装

元器件（俗称零件）封装是指实际元器件在焊接到 PCB 上时引脚的外观和焊盘焊点的位置，是纯粹的空间位置概念。

通常将 PCB 元器件称为元器件的封装形式，简称封装形式或封装，它包含元器件的外形轮廓及尺寸大小、引脚数量和布局（相对位置信息），以及引脚尺寸（长短、粗细或形状）等基本信息。因此有时不同的元器件可以共用同一封装，同种元器件也可能有不同的封装。当采用电阻、电容、二极管等传统的直插式封装元器件时，元器件体积较大，PCB 是焊盘形式的；当采用 SMD 式电阻、电容、二极管、三极管等封装元器件时，元器件体积较小。

以晶体管为例，晶体管是常用的器件之一。在"Miscellaneous Devices.INTLIB"基本原理图库中仅有 NPN 2N3904 与 PNP 2N3906 类型，实际上，在其他公司的晶体管库中有很多晶体管及对应的封装类型。例如，在系统库目录"Library\Fairchild Semiconductor\FSC Discrete BJT.IntLib"库（见图 5-1-3）中，可以看到不同类型的晶体管及封装类型。

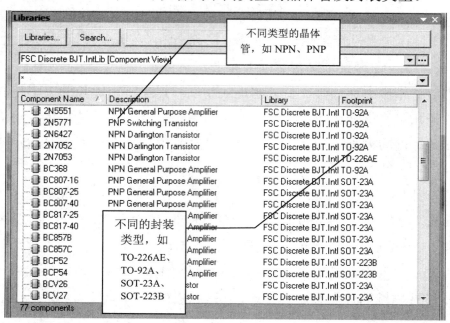

图 5-1-3 各种晶体管及封装类型窗口

另外，在"Miscellaneous Devices.INTLIB"基本原理图库中，电阻名称为 RES1 和 RES2，不管它是 20Ω 的、470kΩ 的还是 1MΩ 的，对 PCB 而言，小功率的电阻可以用 AXIAL-0.3 封装，而功率大一些的电阻可以用 AXIAL-0.4、AXIAL-0.5 等封装。

任务二 PCB 层管理

做中学

PCB 是由多个层组成的，通常 PCB 按层分类是指按电气层的层数分类。当然大多 PCB 都有非电气层。了解 PCB 每层的用途和含义，有助于我们更好地设计 PCB。Protel 共有 74 个板层可供 PCB 设计使用，包括信号层（Signal Layers，32 层）、机械层（Mechanical Layers，16 层）、内部电源层（Internal Plane，16 层）、丝印层（Silkscreen Layers，2 层）、阻焊层（Solder Mask，2 层）、禁止布线层（Keep-Out Layer，1 层）、锡膏层（Paste Mask，2 层）、钻孔层（Drill，2 层）、多层（Multi-Layer，1 层）。

（1）信号层：信号层主要分为顶层（Top Layer）、底层（Bottom Layer），复杂 PCB 还有中间层（Mid-Layer）。信号层是具有电气连接的层，主要用于放置元器件和布线。

（2）机械层：用于定义整个 PCB 的外观，不具有电气属性，因此可以放心地用于设计外形、勾画机械尺寸、放置文本等，不必担心对 PCB 的电气特性造成影响，如图 5-1-4 所示。

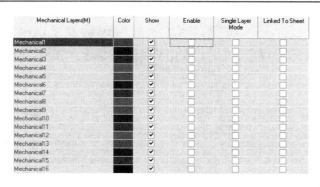

图 5-1-4　机械层

（3）内部电源层：用于布置电源线和地线。内部电源层，即内电层，常说的 PCB 板层数是指信号层数和内电层数相加的总和。内电层与内电层之间、内电层与信号层之间也可以像信号一样通过通孔、盲孔和埋孔实现相互连接。

（4）丝印层：用于绘制元器件的外形轮廓和元器件的封装文字等信息。丝印层分为丝印顶层和丝印底层。一般情况下，PCB 上的白色（若阻焊层为白色，则丝印层为黑色）字符和线框就是丝印层。

（5）阻焊层：用于阻焊，保护不希望镀锡的区域，防止焊接时焊锡扩张引起短路。一般 PCB 表面的绿油（当然也有其他颜色，比较常用的有蓝色、黑色、白色、红色、黄色，默认使用绿色）就是阻焊层，它可以保护铜线，在焊接时可以排开焊锡。阻焊层有顶层阻焊层（Top Solder Mask）和底层阻焊层（Bottom Solder Mask）之分。其核心就是起到绝缘的作用。

（6）禁止布线层：用于放置元器件和导线的区域边界。

（7）锡膏层（也是 SMD 层）：和阻焊层的作用相似，不同的是在机器焊接时对应 SMD 式元器件的焊盘。Protel 提供了顶层和底层两层锡膏层。

（8）钻孔层：提供 PCB 制造过程中的钻孔信息（如焊盘、过孔就需要钻孔）。Protel 提供了 Drill Gride（钻孔引导指示图层）和 Drill Drawing（钻孔冲压图层）两层钻孔层。

（9）多层：PCB 上的焊盘和穿透式过孔要穿透 PCB，才可以与不同的导电图形层建立电气连接关系，因此 Protel 专门设置了一个抽象的层——多层。一般焊盘与过孔都要设置在多层上，如果关闭此层，焊盘与过孔就无法显示出来。

PCB 根据层数可以分为单层 PCB（Signal Layer PCB）、双层 PCB（Double Layer PCB）和多层 PCB（Multi Layer PCB）三大种类。简单的设计使用单层 PCB 或双层 PCB 就可以。

①单层 PCB：制造最简单的 PCB 称为单层 PCB，因为这种 PCB 只有一面（通常为底面）有导线，如图 5-1-5 所示。单层 PCB 可以由多种材质制成，具体取决于最终电路需要的特性，常见的材料是玻璃纤维。

绝缘芯板通常由称为 FR4 的材料制造而成，芯板的一面被完全涂覆薄铜层。PCB 的顶面被称为元器件面，因为通孔元器件通常安装在此面上。元器件的引脚线可以穿过 PCB 伸到底面，从而更轻松地将引脚线焊接到铜焊盘和走线上。此规则不适用于 SMD 式元器件，因为这类元器件需要直接安装在铜焊盘上，且只存在于焊接面。

②双层 PCB：双层 PCB 的顶面和底面均有铜线，这使得布线可以更复杂一些，如图 5-1-6 所示。按照惯例，通孔元器件仍安装在顶层，SMD 式元器件安装在底层，如同单层 PCB 一

样。在有时需要走线，有时在与元器件引线不重合的位置处穿过顶层和底层时，需要将 PCB 设计成带电镀通孔（PTH）的双层 PCB，如图 5-1-7 所示。带电镀通孔和阻焊层的双层 PCB 如图 5-1-8 所示。

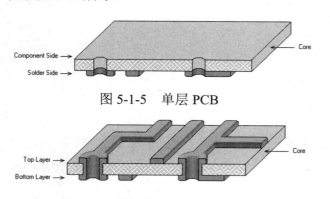

图 5-1-5　单层 PCB

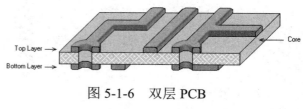

图 5-1-6　双层 PCB

图 5-1-7　带电镀通孔的双层 PCB

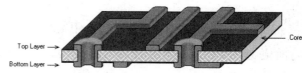

图 5-1-8　带电镀通孔和阻焊层的双层 PCB

③多层 PCB：复杂电子产品需要创建包含更多铜层的 PCB，这些 PCB 被称为多层 PCB，它们可以提供更密集的布线拓扑及更优良的电气噪声特性。图 5-1-9 所示为偏向内层对的 8 层 PCB 示意图。

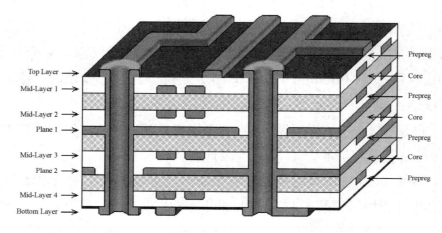

图 5-1-9　偏向内层对的 8 层 PCB 示意图

😊 **特别注释**

对图 5-1-5 的解释如下。

Component Side 表示元器件面；Solder Side 表示焊接面。注意：单层 PCB 中的 Solder Side 是无铜的，双层 PCB 中的 Solder Side 是有铜的。Core 表示芯板、基板或覆铜板等，是制作 PCB 的基础材料，它具有一定的硬度及厚度，并且双面包铜。

对图 5-1-6 的解释如下。

Top Layer 表示顶层信号层，也称元器件层，主要用来放置元器件，双层 PCB 和多层 PCB 可以用此层布置导线或覆铜。Bottom Layer 表示底层信号层，也称焊接层，主要用于布线及焊接，双层 PCB 和多层 PCB 可以用此层放置元器件。

对图 5-1-9 的解释如下。

Mid-Layer 1 表示中间层 1，它是第一层中间层，在制作多层 PCB 时会在此层绘制电气连接线。Mid-Layer 2 表示中间层 2，与 Mid-Layer 1 作用相同。Plane 1 表示负面 1，即所谓的

"负片法1"，此层本身是一片铜皮，画一根线，表示将铜皮分开，即凡是走线的地方就是将铜皮去掉。Plane 2 表示负面2，与 Plane 1 作用相同。Prepreg 表示薄片绝缘材料。Prepreg 在被层压前为半固化片，又称为预浸材料，主要用作多层 PCB 的内层导电图形的黏合材料及绝缘材料。在 Prepreg 被层压后，半固化的环氧树脂被挤压，开始流动并凝固，将多层 PCB 粘在一起，并形成一层可靠的绝缘体。

多层 PCB 其实就是由 Core 与 Prepreg 压合而成的。两者的区别：①Prepreg 在 PCB 中属于一种材料，Prepreg 材质为半固态，类似于纸板，Core 材质坚硬，类似于铜板；②Prepreg 类似于"黏合剂+绝缘体"，Core 是 PCB 的基础材料，两者具有完全不同的功能作用；③Prepreg 能够弯曲，Core 无法弯曲；④Prepreg 不导电，Core 两面均有铜层，是 PCB 的导电介质。

通过以下三步操作，可进行双层 PCB 设置。

（1）新建一个名为"Do"的项目文件，再新建一个 PCB 文件，命名为"Do.PCBDOC"。

（2）依次选择"Design"→"Layer Stack Manager"（图层堆栈管理器）命令，即可进入如图 5-1-10 所示的"Layer Stack Manager"对话框。

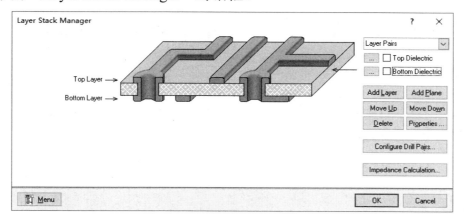

图 5-1-10　"Layer Stack Manager"对话框

（3）勾选"Top Dielectric"（顶部绝缘体）复选框和"Bottom Dielectric"（底部绝缘体）复选框，如图 5-1-11 所示，完成设置后，单击"OK"按钮关闭对话框，并保存所有文件。

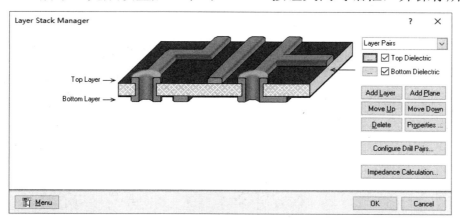

图 5-1-11　勾选"Top Dielectric"复选框和"Bottom Dielectric"复选框

😊 **特别注释**

单击图 5-1-10 左下角的"Menu"按钮，可弹出如图 5-1-12 所示的快捷菜单。将鼠标指针移到 Example Layer Stacks ▸ 选项处，显示如图 5-1-13 所示的 PCB 类型（系统提供一些实例电路样板供用户选择）。

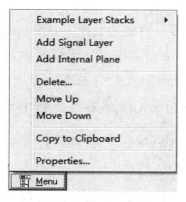

图 5-1-12　"Menu"菜单

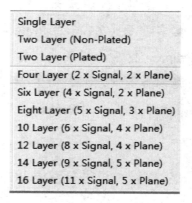

图 5-1-13　PCB 类型

项目二　多功能定时控制器 PCB 设计准备

🔘 **学习目标**

（1）领悟电子 CAD 电路原理图设计分层思维，掌握其设计环境参数设置方法。
（2）掌握封装库自动生成向导操作方法，并学会进行相关参数的设置。
（3）掌握封装库编辑操作方法及工具栏相关绘制工具按钮操作。

🔘 **问题导读**

分层思维

分层思维的核心理念是将复杂的问题拆解成多个小问题，通过解决小问题来解决复杂的问题，使问题变得更简单。就好比积木拼图游戏，将一块块积木按照既定规则组合，最终形成一个整体的模型。现拆解第四单元中的多功能定时控制器核心主板——Timer controller.SCHDOC 电路原理图。图 5-2-1 所示为核心主板电源部分电路原理图，主要器件为三端稳压器 LM7805。图 5-2-2 所示为 AT89S52 单片机的程序下载端口部分。

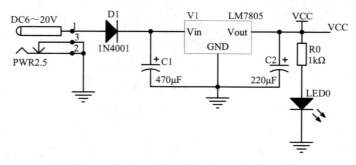

图 5-2-1　核心主板电源部分电路原理图

图 5-2-2　AT89S52 单片机的程序下载端口部分

知识拓展

拆解 Timer controller.SCHDOC 电路原理图（一）

继续拆解第四单元的多功能定时控制器核心主板——Timer controller.SCHDOC 电路原理图。图 5-2-3 所示为核心主板数码管显示部分电路原理图，主要应用为单片机 74HC541，在单片机 P0 口加上拉电阻。四位数码管的封装库也需要准备，添加四位数码管的封装库的操作结果如图 5-2-4 所示。使用的库是\Library\Agilent Technologies\Agilent LED Display 7-Segment, 4-Digit.IntLib。

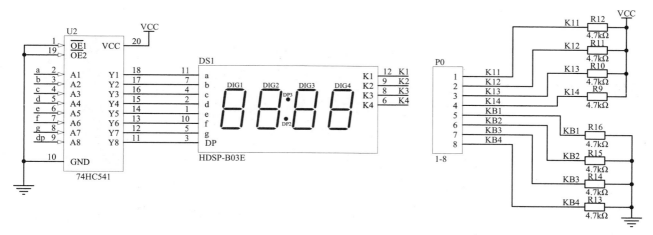

图 5-2-3　核心主板数码管显示部分电路原理图（单片机 P0 口加上拉电阻）

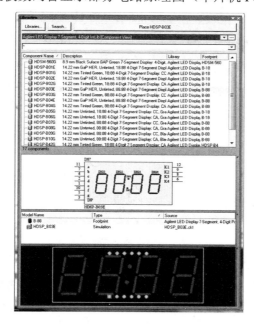

图 5-2-4　四位数码管的封装库

知识链接

拆解 Timer controller.SCHDOC 电路原理图（二）

继续拆解第四单元的多功能定时控制器核心主板——Timer controller.SCHDOC 电路原理图。图 5-2-5 所示为核心主板继电器控制部分电路原理图，左图是利用 TLP521 进行光耦隔离的继电器控制部分电路原理图；右图是利用 PNP 三极管驱动继电器控制部分的电路原理图。

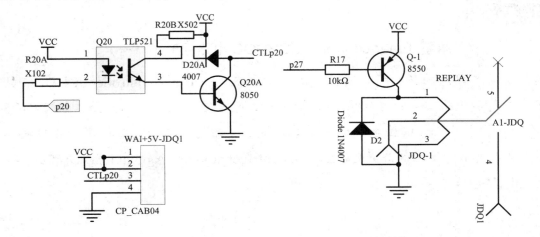

图 5-2-5   核心主板继电器控制部分电路原理图

任务一   PCB 设计环境参数设置

做中学

（1）先新建一个组文件，依次选择"File"→"New"→"Design Workspace"命令，如图 5-2-6 所示，"Projects"面板会出现一个默认的工作区——"WorkSpace1.DsnWRK"。先将它保存到一个自定义位置，然后重命名，如重命名为"Multi-WorkSpace.DsnWRK"。

（2）建立核心主板 PCB 工程文件。依次选择"File"→"New"→"Project"→"PCB Project"命令，将其保存为名为"TimeControl Coreboard.PRJPCB"的工程文件。依次选择"File"→"New"→"PCB"命令，新建一个 PCB 文件。系统自动新建一个名为"PCB1.PCBDOC"的 PCB 文件，然后将其保存为名为"TimeControl Coreboard.PCBDOC"的文件。完成以上操作后，依次选择"File"→"Save All"选项，"Projects"面板中的文件结构如图 5-2-7 所示。

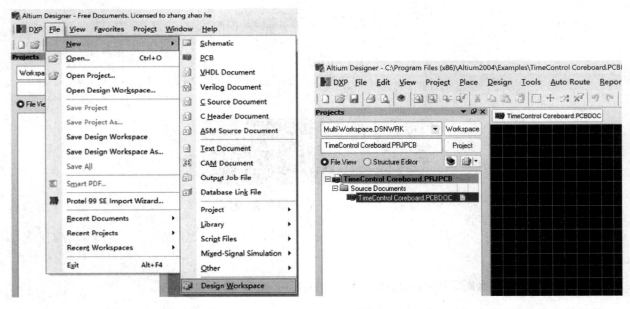

图 5-2-6   新建工程   图 5-2-7   "Projects"面板中的文件结构

（3）依次选择"Design"→"Board Options"命令，进行图纸设置。系统的默认 PCB 图纸由默认尺寸的白色方框和空白的 PCB 形状（带栅格的黑色区块）构成。将鼠标指针定位到 PCB 编辑区按"O+G"快捷键，调出"Document Options"对话框，也可以进行图纸设置。具体 PCB 图纸的各项设置如图 5-2-8 所示。

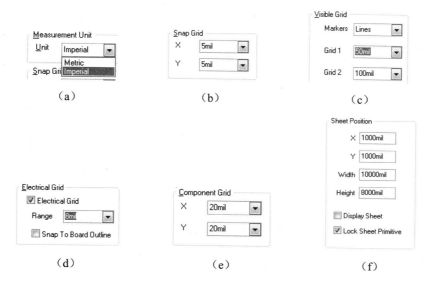

图 5-2-8　具体 PCB 图纸的各项设置

（4）单击"Measurement Unit"选区中的"Unit"下拉按钮，设置测量单位为英制（Imperial）或公制（Metric），如图 5-2-8（a）所示。

（5）单击"Snap Grid"选区中的"X"和"Y"下拉按钮，设置鼠标指针每次沿 X 轴和 Y 轴方向移动的最小距离，一般设置为 5mil 或 10mil，它的作用是便于将元器件引脚焊盘放在栅格上，如图 5-2-8（b）所示。

（6）"Visible Grid"选区可以对可视栅格进行设置。"Markers"下拉列表中有"Dots"和"Lines"两个选项，依个人设计喜好而定。将"Grid 1"设置为 50mil，将"Grid 2"设置为 100mil，如图 5-2-8（c）所示。

（7）在"Electrical Grid"选区中勾选"Electrical Grid"复选框，设置电气格点（电气栅格，可使系统在给定范围内自动搜索电气节点）。这里将"Range"设置为"8mil"，如图 5-2-8（d）所示。

（8）单击"Component Grid"选区中的"X"和"Y"下拉按钮，可以设置元器件栅格，它决定了元器件放置时的位置栅格间距。这里将"X"设置为 20mil，将"Y"设置为 20mil，如图 5-2-8（e）所示。

（9）"Sheet Position"选区中的设置包括："X"文本框和"Y"文本框（以图纸左下角顶点为原点的 X 轴和 Y 轴坐标），"Width"文本框（图纸宽度），"Height"文本框（图纸高度），"Display Sheet"复选框（是否显示图纸），"Lock Sheet Primitive"复选框（是否锁定图纸的原始位置）。各选项设置的数值如图 5-2-8（f）所示。

😊 特别注释

- mil 是英制单位，在 Protel 中，默认使用该单位。
- 英制单位与公制单位的换算比例是 1000mil = 1inch = 25.4mm。
- 捕获栅格的设置需要符合布线的各参数，如最小线宽、最小线间距、相邻焊盘中能走几根导线、采用以直插式封装元器件为主的引脚间距等。

- 启动电气栅格功能后，将在以当前位置为圆心、以"Range"的值为半径的圆内搜索最近的具有电气特性的对象，如导线、焊盘、过孔等，并自动锁定该对象。

任务二　创建封装库

教学微课

封装库可以通过两种方式创建：一种是利用系统自带的元器件向导（Component Wizard），按照步骤和提示进行设计操作。该向导功能十分强大、操作方便，可提高制作效率，缺点是仅适用于引脚排布具有较强规律的元器件，即不同封装类型的集成电路（甚至中大规模的集成电路）。另一种是手工设计封装库。

做中学（一）

下面进行创建 AT89S52（DIP-40）封装库的操作。

（1）参考封装形式为 DIP 的 AT89S52 芯片，其相邻两个引脚间距为 100mil、芯片长宽为 2210mil×510mil、双列焊盘间距为 600mil、引脚数为 40 等，如图 5-2-9 所示。

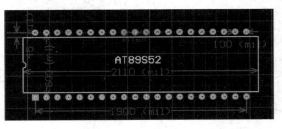

图 5-2-9　AT89S52 芯片引脚各个位置的精确尺寸

（2）依次选择"File"→"New"→"Library"→"PCB Library"命令，新建"PCBLIB1.PCBLIB"封装库文件。

（3）依次选择"Tools"→"New Component"命令，进入新建元器件向导界面，如图 5-2-10 所示。

（4）单击"Next"按钮，选择元器件类型。这里选择"Dual in-line Package(DIP)"选项，在"Select a unit"下拉列表中选择"Imperial(mil)"选项，如图 5-2-11 所示。

　　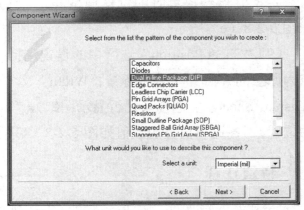

图 5-2-10　新建元器件向导界面　　　　　　　图 5-2-11　选择元器件类型

（5）单击"Next"按钮，定义焊盘尺寸。焊盘内孔直径为 30mil，焊盘直径为 60mil，严格按如图 5-2-9 所示的数据进行设置，结果如图 5-2-12 所示。

（6）单击"Next"按钮，定义焊盘间距，操作方法同（5），严格按如图 5-2-9 所示数据进行设置，结果如图 5-2-13 所示。

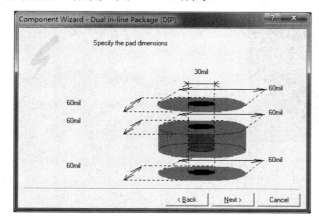

图 5-2-12　定义焊盘尺寸

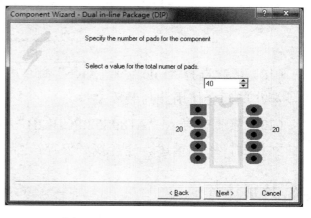

图 5-2-13　定义焊盘间距

（7）单击"Next"按钮，设置芯片框线，结果如图 5-2-14 所示。

（8）单击"Next"按钮，定义芯片焊盘数量，在数值框中输入引脚数"40"，如图 5-2-15 所示。

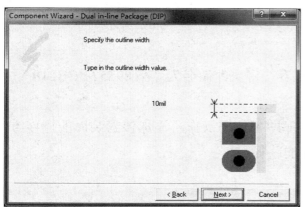

图 5-2-14　设置芯片框线

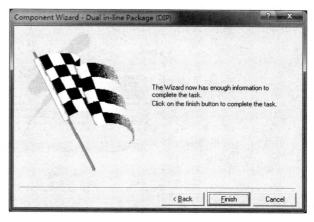

图 5-2-15　定义芯片焊盘数量

（9）单击"Next"按钮，为元器件命名，在文本框中输入"AT89S52"，结果如图 5-2-16 所示。

（10）单击"Next"按钮，进入元器件制作完成界面，如图 5-2-17 所示，单击"Finish"按钮。

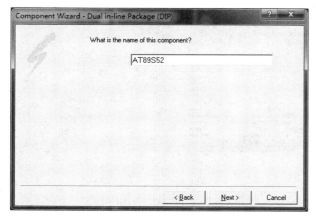

图 5-2-16　为元器件命名

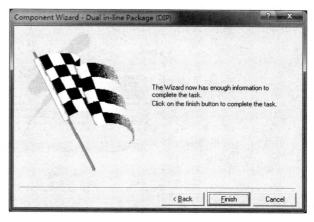

图 5-2-17　元器件制作完成界面

（11）当返回封装库编辑窗口时，最终将看到制作完成的 AT89S52（DIP-40）的封装库符号，如图 5-2-18 所示。

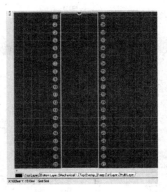

图 5-2-18　AT89S52（DIP-40）的封装库符号

☺ **特别注释**

（1）在选用元器件向导方式创建封装库时，应注意每个环节的设置细节，参数一定要清楚。

（2）封装规划是 PCB 设计的重要任务之一，采用的封装是否正确恰当，关系到实物 PCB 设计的成败。当然，这需要设计者的经验积累。

（12）依次选择"File"→"Save"命令进行保存，将文件命名为"AT89S52.PCBLIB"，注意，第八单元会使用此封装库文件。

（13）接下来导入"AT89S52.PCBLIB"封装库即可使用操作。添加该封装库的操作方法与前文相同，不再重述。注意找到保存该封装库的路径。

☺ **特别注释**

还可以将 Protel 提供的原理图库中的封装加载到 AT89S52 芯片上。

（1）单击"Libraries"面板中的"Libraries"按钮，再单击其窗口右下方的"Install"按钮，选择"Library"库目录下的"Texas Instruments"子目录下的"TI Logic Memory Mapper.INTLIB"库。

（2）单击"打开"按钮，返回"Install"库窗口，如图 5-2-19 所示。单击"Close"按钮，返回电路原理图编辑窗口，结果显示如图 5-2-20 所示。

图 5-2-19　"Install"库窗口

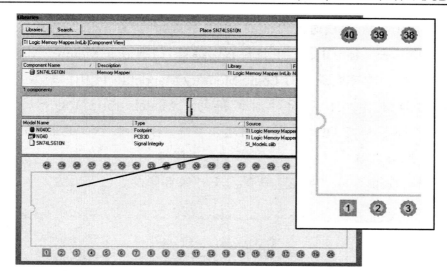

图 5-2-20　DIP-40 芯片封装

（3）双击多功能定时控制器电路原理图中的 AT89S52 芯片，打开其属性对话框，如图 5-2-21 所示。该对话框右下角的"Models for U3-89S52"区域没有任何信息。

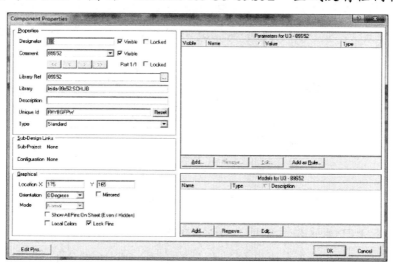

图 5-2-21　AT89S52 芯片属性对话框

（4）单击"Add"按钮，弹出"Add New Model"对话框，如图 5-2-22 所示。

（5）单击"OK"按钮，弹出"PCB Model"对话框，如图 5-2-23 所示。

图 5-2-22　"Add New Model"对话框　　　　图 5-2-23　"PCB Model"对话框

（6）单击"Footprint Model"选区"Name"文本框后面的"Browse"按钮，在弹出的"Browse Libraries"对话框中单击"Libraries"下拉按钮，选择"TI Logic Memory Mapper.INTLIB"选项，单击"OK"按钮，即可完成"TI Logic Memory Mapper.INTLIB"封装库的添加。

（7）此时在如图 5-2-21 所示的对话框的"Models for U3-89S52"区域中将看到 这样一行 DIP-40 封装信息，单击"OK"按钮，退出此对话框。更多关于封装相关内容，详见附录 B。

（8）依次选择"File"→"Save"命令，及时保存修改。

做中学（二）

手工设计方式体现了封装库设计的灵活性，特别是对于非标准元器件的制作。下面以第三单元中的红外热释电报警器中的红外热释电传感器（下面简称传感器）封装为例，来说明具体设计步骤。

（1）红外热释电传感器封装的两两引脚间距为 4～6mm（可以用卡尺精确地测量），焊盘外径为 2mm，焊盘孔直径为 1mm。红外热释电传感器实物图及 PCB 产品图如图 5-2-24 所示。

（a）实物图　　　　　　　（b）PCB 产品图

图 5-2-24　红外热释电传感器实物图及 PCB 产品图

（2）新建红外热释电传感器封装库，依次选择"File"→"New"→"Library"→"PCB Library"命令，将文件保存为名为"红外热释电传感器.PCBLIB"的封装库文件。注意存储路径，以便使用时调用。

（3）进入库编辑环境，在工作界面任意处右击，在弹出的快捷菜单中选择"Library Options"命令，弹出"Board Options"对话框，将"Measurement Unit"选区中的"Unit"修改为"Metric"，其他参数设置如图 5-2-25 所示。

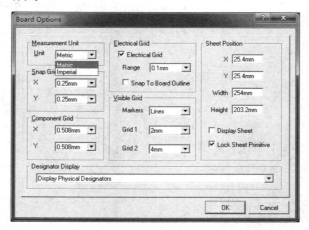

图 5-2-25　"Board Options"对话框

（4）设置完成后，单击"OK"按钮，返回库编辑环境。

（5）单击库编辑窗口右下角的"Top Overlay"（顶层丝印层）按钮。

（6）绘制传感器的圆形轮廓（直径为 1cm），即绘制圆形。单击"PCB Lib Placement"工具栏上的"Place Full Circle Arc"按钮，进入放置圆形状态，此时鼠标指针变为十字形。

（7）移动鼠标指针到适当位置，单击，确定圆形的圆心，移动鼠标指针，再次单击，确定圆形半径，如图 5-2-26 所示。

（8）根据传感器顶部的实际面积，修改圆形轮廓的半径。双击圆形，进入"Arc"对话框。在该对话框中将"Radius"修改为"5mm"，其他选项保持默认数值，如图 5-2-27 所示。

（9）单击"OK"按钮，即可完成设置。圆形绘制完成结果如图 5-2-28 所示。

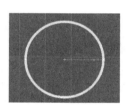
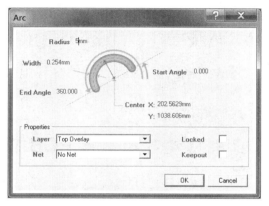

图 5-2-26　确定圆形半径　　　　图 5-2-27　设置圆形半径　　　　图 5-2-28　圆形绘制完成结果

（10）绘制焊盘。单击"PCB Lib Placement"工具栏上的 ◎ 按钮，鼠标指针变成十字形，在圆形轮廓适当位置单击，即可放置一个焊盘。该焊盘的参数为系统最后一次设置的结果。

（11）根据传感器的引脚实际面积（引脚对应为焊盘），修改引脚的半径。双击焊盘，进入"Pad"对话框，如图 5-2-29 所示。

（12）在如图 5-2-29 所示的对话框中将"Hole Size"修改为"0.5mm"，将"Size and Shape"选区中的"X-Size"和"Y-Size"均修改为"2mm"，单击"OK"按钮。设置焊盘参数前后结果对比如图 5-2-30 所示。

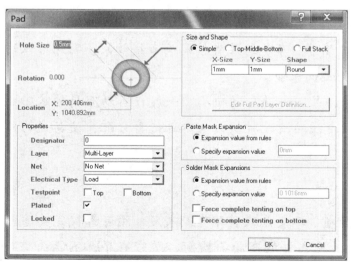

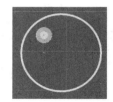

（a）焊盘初始数据结果　　（b）设置焊盘参数后结果

图 5-2-29　"Pad"对话框　　　　　　　　图 5-2-30　设置焊盘参数前后结果对比

（13）同理绘制其余2个焊盘，结果如图5-2-31所示。此时焊盘彼此间的位置是我们肉眼控制摆放的，不够精确。

（14）接下来进行焊盘间距离为5mm的精确位置摆放。单击"PCB Lib Placement"工具栏上的 ✎ 按钮，拖曳鼠标指针，单击焊盘中心，测量出5mm位置处，再单击，确定终点。单击焊盘，移动焊盘至焊盘中心对准标线位置处，使3个焊盘中心彼此间距精确至5mm，结果如图5-2-32所示。

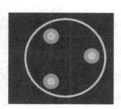

图5-2-31　封装及焊盘初步放置结果　　　　图5-2-32　封装及焊盘最终放置结果

（15）依次选择"File"→"Save"命令，保存"红外热释电传感器.PCBLIB"封装库文件中的修改。

项目三　多功能定时控制器PCB布局操作

学习目标

（1）掌握将封装库添加到项目文件中的操作方法。

（2）掌握网络表载入操作方法，掌握PCB的布局原则。

（3）重点掌握规划PCB尺寸的操作方法。

（4）熟练掌握PCB交互式布局、自动布局的方法及操作步骤。

（5）会进行封装变更、双向相互更新操作。

（6）掌握元器件对齐排列布局操作和集群编辑操作与设置方法。

问题导读

在PCB设计中什么是重要的

在PCB设计中，布局是一个重要的构建环节。布局结果直接影响布线效果，因此可以这样认为，合理的布局是PCB设计成功相当关键的一步。

布局的方式分两种，一种是交互式布局，另一种是自动布局。一般在自动布局的基础上用交互式布局进行调整，在布局时可以根据走线的情况对核心电路进行再分配，使其成为便于布线的最佳布局，布局需要注意以下几点。

1. 考虑整体布局美观

一个产品设计一要注重内在的技术与质量，二要兼顾整体布局美观，两者都较完美才能认为该产品设计是成功的。在一个PCB上，元器件的布局要均衡、疏密有序，不能头重脚轻。

2．布局的检查

（1）PCB 尺寸是否合理？能否符合 PCB 制造工艺要求？有无定位标记？

（2）元器件在二维空间、三维空间中有无冲突？

（3）元器件布局是否疏密有序、排列整齐？

（4）将来可能需要经常更换的元器件是否便于更换？

（5）热敏元器件与发热元器件间是否有适当的距离？

（6）可调元器件是否便于调整？

（7）信号流程是否顺畅且互连导线最短？

（8）插头、插座等是否与机械设计矛盾？

（9）元器件焊盘是否足够大？

（10）是否考虑了元器件线路的干扰问题？

● 知识拓展

PCB 布局操作

1．PCB 布局的一般规则

PCB 布局的一般规则如下。

（1）保证信号传输流畅，信号传输方向保持一致。

（2）核心元器件一般定位在中心，与机械尺寸有关的元器件要锁定。

（3）在高频电路中，要考虑元器件的分布参数。

（4）注意特殊元器件、外围元器件的摆放位置。

（5）在批量生产时，要考虑波峰焊及回流焊的锡流方向及加工工艺。

2．PCB 布局前的准备

PCB 布局前的准备如下。

（1）明确布局范围边框。

（2）PCB 上的定位孔和对接孔的位置要仔细（反复）进行确认。

（3）PCB 内涉及元器件局部的整体高度控制。

（4）PCB 上重要网络的标志说明。

3．PCB 布局的一般顺序

PCB 布局的一般顺序如下。

（1）放置位置固定的元器件。

（2）放置有条件限制的元器件。

（3）放置关键元器件。

（4）放置面积比较大的元器件。

（5）放置零散元器件。

⬤ 知识链接

电路布局规划

在对较复杂电路进行设计时，要注意模拟电路应尽量靠近 PCB 边缘或一侧放置，数字电路应尽量靠近电源连接端放置，如图 5-3-1 所示。

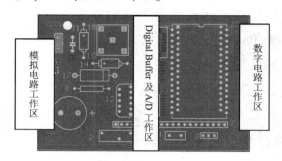

图 5-3-1　电路布局规划

任务一　编译电路原理图和导入网络表

做中学

在进行 PCB 具体设计前，要特别注意以下两方面：一方面，多功能定时控制器核心主板（以下简称"核心主板"）电路原理图涉及的元器件在封装库中都有对应的封装。另一方面，为了保证加载的网络表是正确的，在加载前需要对核心主板电路原理图进行编译。若有错误，则应修正错误后再次编译，直到没有错误为止。本任务添加核心主板电路原理图及具体电路编译的步骤如下。

（1）打开 Protel，依次选择"File"→"Open"命令，在弹出的对话框中选择目标路径上的"多功能定时控制器.PRGPCB"文件。

（2）在"Projects"面板中，单击打开"Timer controller.SCHDOC"文件，即多功能定时控制核心主板电路原理图文件。

（3）依次选择"Project"→"Compile Document Timer controller.SCHDOC"命令，执行编译操作，如图 5-3-2 所示，系统将自动打开"Messages"面板，如图 5-3-3 所示。其中第一行显示电路原理图中的错误（ [Error]　Timer controller.SCHDOC　Compiler　Duplicate Component Designators Rst at 225,540 and 290,519 ），第二行及后几行是警告等相关信息。

图 5-3-2　执行编译操作

图 5-3-3　"Messages"面板显示的相关信息

 特别注释

（1）编译电路原理图操作参考第三单元项目四中的编译操作及相关检查操作。

（2）相关电路原理图中的元器件涉及的封装库，如 AT89S52 芯片、7 段数码管，ISP 下载端口等，由读者自行完成。

（4）双击"Messages"面板中的"Error"项，系统将自动打开"Compile Errors"面板及对应的电路原理图（默认带掩膜效果），如图 5-3-4 所示。

图 5-3-4　Rst/RST 元器件重复命名错误

（5）双击 Rst 电阻，在弹出的对话框中将"Value"修改为"RESET"（自己定义即可），单击"OK"按钮返回。

（6）再次对电路原理图执行编译操作，之前的"Messages"面板中的"Error"项消失，结果如图 5-3-5 所示。其他警告信息的处理方式不再赘述。

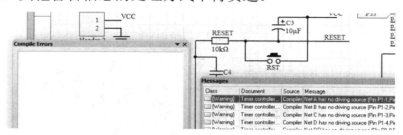

图 5-3-5　"Messages"面板中的"Error"项消失

（7）在核查无误后，保存所有文件。

任务二　元器件布局操作

做中学

1．规划 PCB

本任务进一步完成 PCB 设计后续操作，重点是手工规划 PCB 的电气边界及物理尺寸。PCB 的电气边界规定了 PCB 上布置的元器件及导线的范围，在电气边界之外不能布置任何具有电气意义的元器件，所以真正有意义的电气边界规定的范围比 PCB 的物理尺寸略小。

对核心主板的 PCB 规划机械外形：整体尺寸为 100mm，要求电气外围 2mm 为 PCB 的物理尺寸，并在四角放置内径为 3.2mm 的安装孔。

（1）打开"多功能定时控制器.PRGPCB"项目文件，依次选择"File"→"New"→"PCB"命令，"Projects"面板如图 5-3-6 所示。

（2）将其保存为"Timer controller.PCBDOC"，PCB 的制板相关参数见本单元项目二任务一，依个人习惯设置即可，这里用公制单位。单击 PCB 编辑窗口下方的"Mechanical 1"标签，单击"Utilities"工具栏中的按钮，依次在坐标（25，25）、（125，25）、（125，125）、（25，125）处单击绘制一个矩形框，最后单击结束绘制。绘制过程如图 5-3-7 所示。

 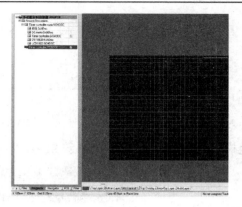

图 5-3-6 "Projects" 面板   图 5-3-7 坐标（125，125）绘制过程图

（3）单击 PCB 编辑窗口下方的"Keep-Out Layer"标签，同理，再依据 PCB 制板任务要求，绘制电气内边界。分别在坐标为（27，27）、（123，27）、（123，123）、（27，123）处单击绘制内矩形框，结果如图 5-3-8 所示。这样就可以完成多功能定时控制器 PCB 机械外形和电气边界绘制。

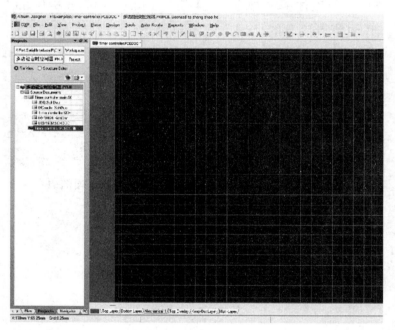

图 5-3-8 PCB 机械外形与电气边界绘制完成结果

😊 特别注释

（1）在绘制 PCB 机械外形时，我们可以先通过依次选择"Edit"→"Origin"→"Set"命令设计原点（0，0），再画线，这样可以很容易地确定坐标。另外，我们可以通过按"Q"快捷键进行系统度量单位英制/公制切换。

（2）若对 PCB 机械外形设置不满意，可以单击工具栏中的 ⤺ 按钮或按"Ctrl+Z"快捷键撤销操作。

（3）若要重新定义 PCB 机械外形，可以依次选择"Design"→"Board Shape"→"Redefine Board Shape"命令，此时鼠标指针变成十字形，工作界面变成绿色，系统进入编辑 PCB 机械外形状态，依据具体数值（再确定一遍边界线）重新绘制一个矩形框，即可重新定义 PCB 机械外形。

（4）我们完全可以利用 Protel 提供的 PCB 自动生成向导快速生成 PCB。主要操作过程是单击 PCB 编辑窗口底部的"System"标签，选择"Files"子菜单，在打开的"Files"界面，选择"New from template"菜单下的"PCB Board Wizard"（根据模板新建 PCB）命令，启动向导，接下来设置制板单位，PCB 工业标准产品类型（或用户自定义），PCB 轮廓形状-PCB 尺寸、边界层等相关参数（核心参数设置界面），直到完成向导。此操作过程建议读者自行完成。

（4）在本任务中 PCB 使用内外径相同的焊盘来替代安装孔。单击"Wiring"工具栏中的 ◎ 按钮，进入放置焊盘状态，按"Tab"键弹出"Pad"对话框，如图 5-3-9 所示，将"X-Size"和"Y-Size"都设置为"3.2mm"。

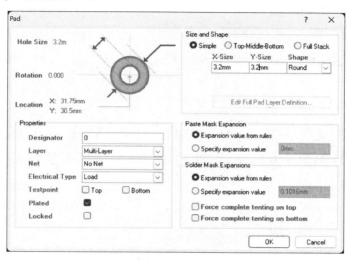

图 5-3-9 "Pad"对话框

（5）单击"OK"按钮，返回 PCB 编辑窗口，此时在 PCB 上的适当位置放置 4 个焊盘[这里统一规划在四个角，注意四个相对精确的坐标：（30，30）、（120，30）、（120，120）、（30，120），结果如图 5-3-10 所示。

（6）单击 PCB 编辑窗口中的"View"菜单，选择"Board in 3D"命令，结果如图 5-3-11 所示。此时自动生成与工程文件同名的"Timer controller.PCB3D"文件。

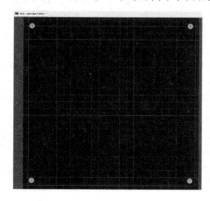 

图 5-3-10 规划好焊盘的 PCB   图 5-3-11 生成的"Timer controller.PCB3D"文件

 特别注释

第四单元项目一中的多功能定时控制器电路原理图设计是按照层次电路设计的，在这里

我们仅以制作核心主板为例，故将除 "Timer controller.SCHDOC" 核心主板电路原理图之外的 4 个模块电路原理图，先全部移出项目（可随时添加回来）。操作过程是右击对应的电路原理图文件，在弹出的快捷菜单中选择 "Remove from Project..." 命令，在移出确认对话框中单击 "OK" 按钮，即可将对应模块电路原理图全部移出成自由文件。操作过程如图 5-3-12 所示，操作结果如图 5-3-13 所示。

图 5-3-12　操作过程　　　　　　　　　　　　图 5-3-13　操作结果

（7）选择 "Design" 菜单下的 "Update PCB Document Timer controller.PCBDOC" 选项（更新核心主板 PCB 设计），如图 5-3-14 所示，弹出如图 5-3-15 所示的 "Engineering Change Order"（设计工程项目变更）对话框。

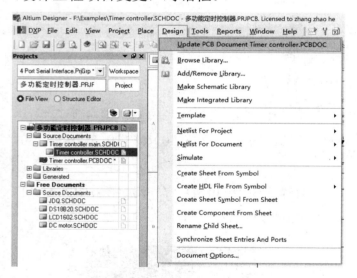

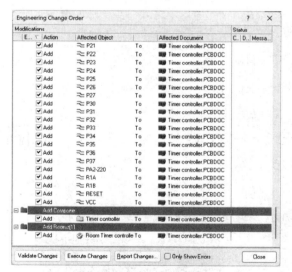

图 5-3-14　执行更新核心主板 PCB 设计菜单项　　图 5-3-15　"Engineering Change Order" 对话框

（8）单击 "Validate Changes" 按钮执行验证变更命令，如图 5-3-16 所示，可以看到 "Status" 栏（状态栏）的 "Check"（检验）项中每一行均标有对勾，该标志表示加载的元器件和网络表是正确的。

（9）单击 "Execute Changes" 按钮，将网络表和元器件载入 PCB 文件，执行变更过程界面如图 5-3-17 所示。

（10）单击 "Close" 按钮，关闭该对话框，自动返回 "Timer controller.PCBDOC" 文件，相应的网络表和元器件封装已经加载到该 PCB 编辑器中，按 "Ctrl+PgDn" 快捷键，将整个元器件导入，显示结果如图 5-3-18 所示。

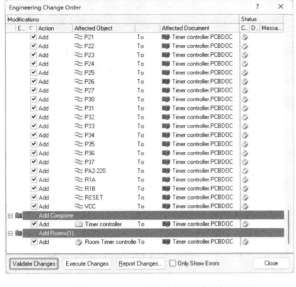

图 5-3-16　验证变更有效界面　　　　图 5-3-17　执行变更过程界面

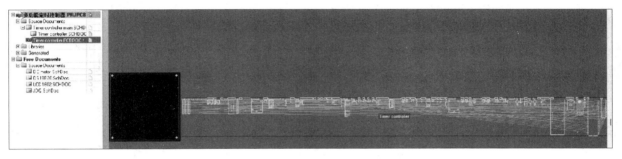

图 5-3-18　整个元器件导入显示结果

（11）单击整个元器件外围（ROOM），选中 ROOM，效果如图 5-3-19 所示。

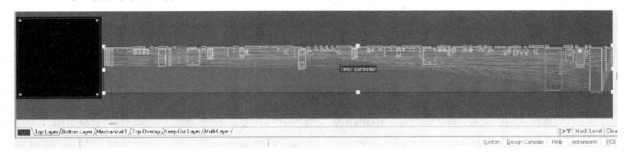

图 5-3-19　选中 ROOM 效果

（12）按"Del"键将 ROOM 删除，只保留元器件，效果如图 5-3-20 所示。

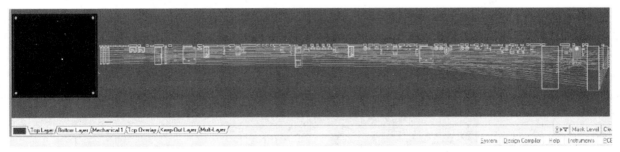

图 5-3-20　删除 ROOM 的元器件效果

（13）依次选择"File"→"Save All"命令，将对"Timer controller.PCBDOC"文件进行的修改全部保存。

2．PCB 布局参数设置

当我们完成上述操作之后，元器件已经显示在 PCB 编辑窗口中了，此时可以进行元器件布局操作。元器件的布局是指将网络表中的所有元器件放置在 PCB 上，是 PCB 设计的关键步骤。通常有电气连接的元器件引脚比较近，这样的布局可以让走线距离较短，占用空间较小，从而使整个 PCB 上的导线更好地工作，这也是为布线操作做准备。

对多功能定时控制器核心主板进行元器件布局操作，任务重点是完成自动布局相关参数设置、安装孔锁定、交互式布局等，具体操作步骤如下。

（1）打开"多功能定时控制器.PRJPCB"工程文件，单击打开"Projects"面板中的"Timer controller.PCBDOC"文件。

（2）依次选择"Design"→"Rules"命令，打开"PCB Rules and Constraints Editor"对话框，如图 5-3-21 所示。

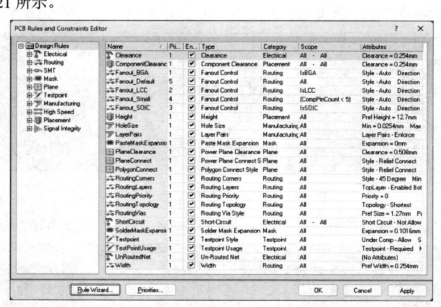

图 5-3-21　"PCB Rules and Constraints Editor"对话框

（3）单击左侧目录结构树中的"Routing"前面的加号，将其展开，双击"Routing Layers"选项，单击"RoutingLayers"选项，在"Constraints"选区中对板层进行设置，将本项目的核心主板设计为双层 PCB，保持默认设置即可，如图 5-3-22 所示。

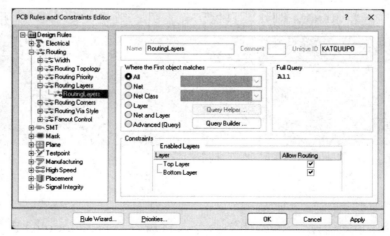

图 5-3-22　将核心主板设计为双层 PCB

（4）设置元器件封装在 PCB 上的放置方向。在如图 5-3-21 所示的对话框中依次单击左侧目录结构树中的"Placement"→"Component Orientations"（元器件方位约束）选项。在"Component Orientations"上右击，在弹出的快捷菜单中选择"New Rule"命令，添加一个元器件方位约束规则（默认生成）。双击新添加的规则，即可进入如图 5-3-23 所示的对话框，设置元器件方位约束规则。

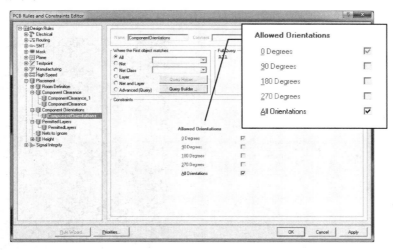

图 5-3-23　设置元器件方位约束规则

（5）在如图 5-3-23 所示的对话框中的"Allowed Orientations"栏中勾选"All Orientations"（任意角度）复选框，设置完成，单击"Apply"按钮，使设置生效。

（6）单击"OK"按钮，退出该对话框。其他设置均保持系统默认值。

（7）在自动布局前，要将四个安装孔锁定。按住"Shift"键，依次单击四个安装孔，同时选中四个焊盘，再单击 PCB 编辑窗口右下角的"PCB"标签，在显示的快捷菜单中选择"Inspector"命令，如图 5-3-24 所示，打开"Inspector"面板，如图 5-3-25 所示。

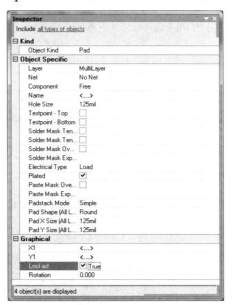

图 5-3-24　选择"Inspector"命令　　　　图 5-3-25　"Inspector"面板

（8）在"Inspector"面板中找到"Graphical"项，勾选"Locked"后的复选框，显示 Locked ☑True ，即可完成四个安装孔的锁定。

（9）依次选择"Tools"→"Component placement"→"Auto Placer"选项或按"T+L+A"快捷键，进入如图 5-3-26 所示的"Auto Place"对话框。

（10）单击"Cluster Placer"（分组布局）单选按钮，勾选"Quick Component Placement"（快速元器件布局）复选框，以加快系统的布局速度。

（11）单击"OK"按钮，进入"自动布局"状态。自动布局结果如图 5-3-27 所示，此时在 PCB 上显示有大量飞线。

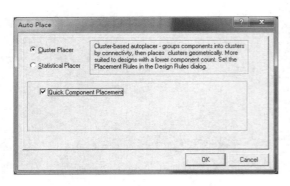

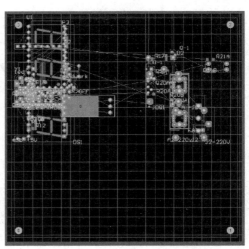

图 5-3-26　"Auto Place"对话框　　　　　图 5-3-27　自动布局结果

 特别注释

每次执行自动布局的结果只是大体相同，读者进行自动布局得到的结果很可能与本教材中的不同，这是正常情况。

（12）在自动布局后，核心主板显然不能完全满足 PCB 设计人员要求，只能算初步摆放。数码管的位置、按键位置、下载端口、继电器位置等需要采用交互式布局方式对元器件进行整体布局。

 特别注释

所谓交互式布局，是指将元器件从 ROOM 人为地布局在 PCB 上。交互式布局的原则与前面介绍的 PCB 布局一般原则基本相同。

交互式布局主要操作是选择具体元器件对象，并用鼠标指针拖动到目标位置。在这个过程中主要是移动、旋转元器件，对元器件进行标号，修改元器件型号参数等。

操作方法与电路原理图中的元器件常规编辑方法类似，激活元器件对象后按键盘上的"Space"键、"X"键或"Y"键，即可调整对象方向，等同于电路原理图中的对象调整操作。

（13）参考本单元项目二中的问题导读、知识拓展，以及知识链接中关于核心主板各个拆解电路原理图，核心主板初步布局效果（参考效果）如图 5-3-28 所示。

（14）为了使 PCB 更加整齐美观，在布局时常常需要对元器件进行对齐操作。这里以 3 个 LED（DD2～DD4）为例，来讲解对齐操作。将 3 个 LED（DD2～DD4）区域范围放大，效果如图 5-3-29 所示，仔细观察可以看出 3 个 LED 在竖直方向和彼此间距（上下）方面有些差别。

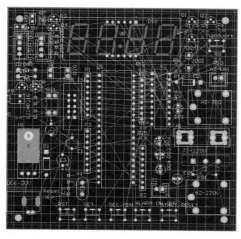

图 5-3-28　核心主板初步布局效果（参考效果）

图 5-3-29　DD2～DD4 区域范围放大效果

（15）按住"Shift"键的同时分别单击 DD2～DD4（或利用单击直接进行框选），同时选中 DD2～DD4，如图 5-3-30 所示。

（16）单击"Utilities"工具栏中的 ⬛▾ 下的"元器件左对齐"（见图 5-3-31）按钮或按"Shift+Ctrl+L"快捷键，进行左对齐操作。单击"元器件竖直方向间距均等"按钮或按"Shift+Ctrl+V"快捷键，进行等间距操作，设置后的效果如图 5-3-32 所示。

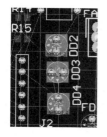

图 5-3-30　DD2～DD4 区域

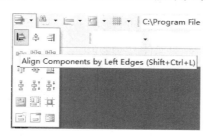

图 5-3-31　元器件左对齐

图 5-3-32　设置后的效果

（17）其他元器件（如按键、电阻等）的对齐操作与（16）相同，注意使用哪个对齐按钮。最终完成的核心主板布局效果如图 5-3-33 所示。

（18）依次选择"View"→"Board in 3D"命令，生成 3D 效果，如图 5-3-34 所示。

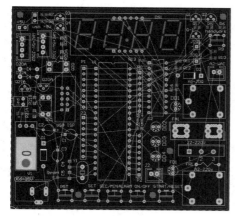

图 5-3-33　最终完成的核心主板布局效果

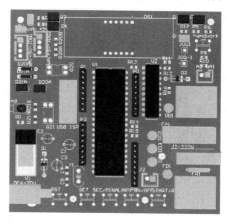

图 5-3-34　3D 效果图

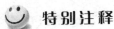

😊 **特别注释**

在图 5-3-33 中，PCB 下边的安装孔换了位置（直接拖动焊盘，解除锁定即可），最终添加一个焊盘用作安装孔，并调整左下角和右下角的安装孔位置，使二者分别位于 RST 按键右边和 START 按键左边。这样布局，一方面可以充分利用 PCB 边角空间；另一方面考虑到用户要经常操作这五个按键，应增加 PCB 的稳定性，使产品在实际使用中更安全和耐用。

在生成如图 5-3-34 所示的 3D 效果图时，系统会弹出如图 5-3-35 所示的对话框，提示没有 3D 模型的器件，这并不影响实际 PCB 制作，单击"OK"按钮即可。

图 5-3-35　"Error"对话框

任务三　PCB 元器件序号集群编辑操作

做中学（一）

在第三单元的电路原理图设计中，对多个元器件进行过集群编辑操作。PCB 设计中的元器件集群编辑操作与电路原理图设计中的元器件集群编辑操作差不多。

（1）打开"多功能定时控制器.PRJPCB"工程文件，单击打开"Projects"面板中的"Timer controller.PCBDOC"文件。

（2）右击"Timer controller.PCBDOC"文件中的任意一个元器件的序号，在弹出的快捷菜单中选择"Find Similar Objects…"命令，如图 5-3-36 所示。

（3）弹出"Find Similar Objects"面板，单击"Object Specific"（对象特性）下拉按钮，单击 String Type｜Designator｜Any 中的下拉按钮，将"Any"改为"Same"，如图 5-3-37 所示。

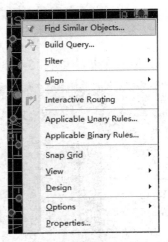

图 5-3-36　选择"Find Similar Objects…"命令

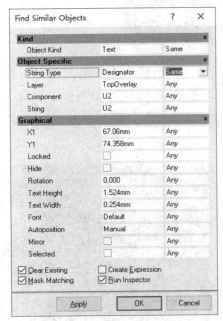

图 5-3-37　"Find Similar Objects"面板

特别注释

在如图5-3-37所示的"Find Similar Objects"面板中，"Text Width"（字符宽度）为"0.254mm"，"Text Height"（字符高度）为"1.524mm"，说明当前PCB使用的是公制单位，若需要变换成英制单位，参考图5-2-8中的设置。

（4）单击"Find Similar Objects"面板中的"OK"按钮，此时"Timer controller.PCBDOC"文件的显示效果如图5-3-38所示，所有元器件序号都被选中。

（5）PCB编辑窗口同时显示"Inspector"面板，此时修改"Graphical"项下的属性，将"Text Height"改为"1.2mm"，将"Text Width"改为"0.18mm"，如图5-3-39所示。

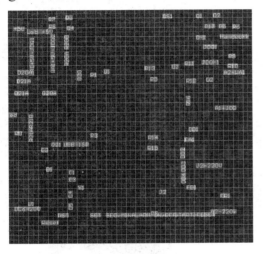

图5-3-38 所有元器件序号都被选中

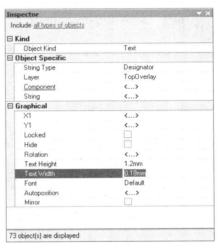

图5-3-39 "Inspector"面板

（6）在"Inspector"面板中，修改完"Text Height"和"Text Width"后，按"Enter"键，"Timer controller.PCBDOC"文件的显示效果如图5-3-40所示，所有元器件序号都变小。

（7）单击PCB编辑窗口右下角的"Clear"按钮，取消掩膜功能。单击"OK"按钮，元器件序号最终显示效果如图5-3-41所示。

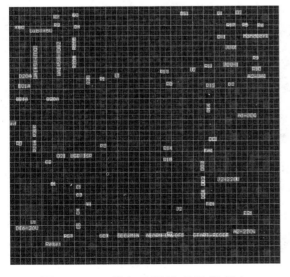

图5-3-40 所有元器件序号都变小

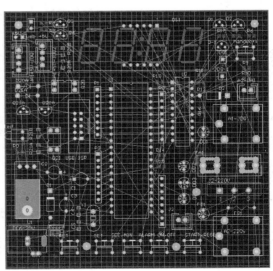

图5-3-41 元器件序号最终显示效果

做中学（二）

在 PCB 布局操作过程中，不会一帆风顺，尤其对于初学者，如果发现几个电容的封装（焊盘距离、尺寸大小）不合适，即电路原理图中的元器件选择有问题，那么可以通过如下操作进行修改。

（1）打开"多功能定时控制器.PRJPCB"工程文件，单击打开"Projects"面板中的"Timer controller.PCBDOC"文件。发现电源部分设计的电容 C1、C2、C3 封装不合适，实际使用的电容体积较小，故对其进行修改。

（2）右击任意一个电容，在弹出的快捷菜单中选择"Find Similar Objects…"命令，如图 5-3-36 所示。

（3）弹出"Find Similar Objects"面板，单击"Object Specific"下拉按钮，单击"Footprint"项对应的下拉按钮，将"Any"改为"Same"，如图 5-3-42 所示，单击"Apply"按钮后单击"OK"按钮，PCB 上的电容显示效果如图 5-3-43 所示。在"Inspector"面板中修改"Footprint"项后的"CAPPR5.5x5"为"CAPPR2.5x6.8"（见图 5-3-44）并按"Enter"键，电容变小，效果如图 5-3-45 所示。

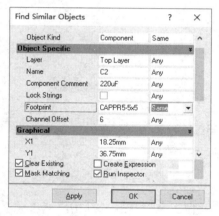

图 5-3-42 设置"Footprint"项

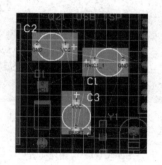

图 5-3-43 PCB 上的电容显示效果

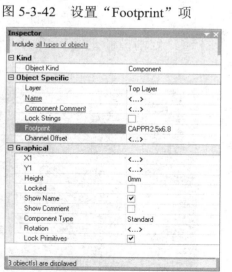

图 5-3-44 修改电容封装类型

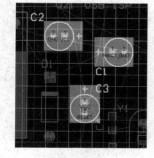

图 5-3-45 电容变小效果

（4）单击 PCB 编辑窗口右下角的"Clear"按钮，取消掩膜功能。最后，保存文件。

项目四 多功能定时控制器PCB布线操作

学习目标

（1）熟悉PCB走线的规律与操作方法。

（2）熟练掌握自动布线的一般常用规则设置，掌握自动布线的操作步骤与方法。

（3）熟知PCB的布线原则。

问题导读

PCB如何走线

走线会直接影响整个PCB的性能，合理的布线在高速运行的PCB上相当重要。在实际布线中，主要有直角走线、差分走线、蛇形走线三种形式。

知识拓展

走线规律和布线细说

1）走线规律

（1）走线方式：尽量走短线，特别是对小信号而言，一般为10mil左右。

（2）走线形状：同一层走线在改变方向时，应走斜线。

（3）电源线与地线的设计：40~100mil，高频线用地线屏蔽。

（4）多层板走线方向：相互垂直，层间耦合面积最小；禁止平行走线。

2）布线细说

在PCB设计中，布线是PCB设计者最基本的工作技能之一，更是完成产品设计的核心步骤之一。可以说前面的PCB规划、PCB环境参数设置、PCB布局等工作都在为布线做准备。在整个PCB设计中，布线的设计过程限定最高、技巧最细、工作量最大。

（1）PCB布线的分类：单层布线、双层布线和多层布线。

（2）PCB布线的方式：自动布线及交互式布线。这一点类似于自动布局与交互式布局。

知识链接

（一）导线、飞线和网络

导线也称铜膜走线，俗称电线，用于连接各个焊点（连接端口），是PCB最重要的部分，PCB设计都是围绕如何布置导线进行的。

在Protel中与导线有关的另一种线是飞线，也称预拉线。飞线是在引入网络表后，系统根据规则生成的，用来指引布线。飞线与导线是有本质区别的，飞线只是一种形式上的连线，它只是从形式上表示出各个焊点间的连接关系，没有电气连接意义。导线是根据飞线指示的焊点间的连接关系布置的，具有电气连接意义。

网络和导线也有所不同，网络除了包括导线还包括焊点。在提到网络时不仅指导线，还包括和导线相连的焊点。

（二）布线的注意事项

（1）专用地线、电源线宽度应大于 1mm。

（2）走线应呈 "一" 字形排列，以便分布电流平衡。

（3）尽可能地缩短高频器件之间的连线，减小它们之间的分布参数，降低信号干扰。

（4）当某些元器件间有较高的电位差时，应增大它们的间距，避免放电引起意外短路。

（5）尽量加大电源线宽度，减少环路电阻，电源线、地线的走向和数据传递方向应一致，以增强抗干扰能力。

（6）当频率高于 100kHz 时，趋肤效应将十分严重，高频电阻会增大。

（7）高频电路布线的引线最好采用全直线，在需要转角时，可用 45° 折线或圆弧。

任务一　PCB 布线设置

做中学

任何电路在设计到这里时，都可以进行默认的 PCB 布线，为了进行更佳的 PCB 布线与电路运行，必须进行一般性的 PCB 布线设置，设置的主要内容如下。

① 元器件之间的布线安全间距设置为 8mil，电源和接地网络的布线安全间距为 12mil。

② 设置布线转角为圆弧方式，布线拓扑结构为 Shortest 方式。

③ 设置普通导线的典型宽度为 12mil，最小宽度和最大宽度分别为 9mil、15mil。

④ 将电源和地线宽度设置为 25mil。

⑤ 设置优先级：Power 网络导线布线优先级为 1，一般导线布线优先级为 2。

多功能定时控制器 PCB 布线设置的具体操作步骤如下。

（1）打开 "多功能定时控制器.PRJPCB" 工程文件，单击打开 "Projects" 面板中的 "Timer controller.PCBDOC" 文件。

（2）依次选择 "Design" → "Rules" 命令，打开 "PCB Rules and Constraints Editor" 对话框，如图 5-4-1 所示。

（3）单击左侧目录结构树中的 "Electrical" 选项，对话框右侧如图 5-4-1 所示。

（4）双击右侧列表中的 "Clearance" 选项，将 "Minimum Clearance" 设置为 "8mil"，如图 5-4-2 所示。

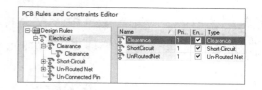

图 5-4-1　"PCB Rules and Constraints Editor" 对话框

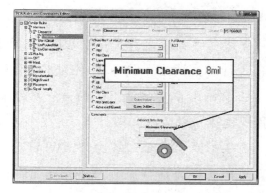

图 5-4-2　设置布线安全间距

特别注释

在如图 5-4-2 所示的对话框中，单击"Apply"按钮，设置将立即生效。

（5）在"Clearance"选项上右击，在弹出的快捷菜单中选择"New Rule"命令，如图 5-4-3 所示，新建名为"Clearance_1"的规则，如图 5-4-4 所示。

图 5-4-3　选择"New Rule"命令

图 5-4-4　新建名为"Clearance_1"的规则

（6）单击左侧目录结构树中的"Clearance_1"选项，在"Name"文本框中输入新建规则的名称"Power"，在"Where the First object matches"选区中单击"Net"单选按钮，在第一个下拉列表中选择"VCC"选项；在"Where the Second object matches"选区中单击"Net"单选按钮，在第一个下拉列表中选择"GND"选项；将"Minimum Clearance"设置为"12mil"，如图 5-4-5 所示，单击"Apply"按钮，使设置生效。

（7）在左侧目录结构树中依次选择"Routing"→"Routing Corners"→"RoutingCorners"选项，在"Style"下拉列表中选择"Rounded"（导线转角为圆弧模式）选项，如图 5-4-6 所示。

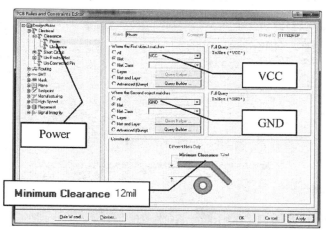

图 5-4-5　新建 Power 设计规则

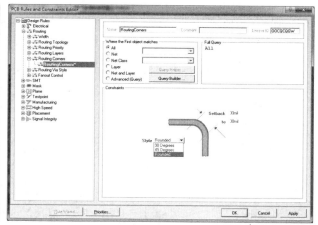

图 5-4-6　设置导线模式

 特别注释

在如图 5-4-6 所示的对话框中，除 Rounded 外的两种导线转角模式分别为 90 Degrees（90°直角）和 45 Degrees（45°角）。

（8）在左侧目录结构树中依次选择"Routing"→"Routing Topology"→"RoutingTopology"选项，将"Topology"设置为"Shortest"，即可将布线拓扑结构设置为最短模式，如图 5-4-7 所示，单击"Apply"按钮，使设置生效。

（9）在左侧目录结构树中依次选择"Routing"→"Width"→"Width"选项，将"Preferred

Width"（导线典型宽度）设置为"12mil"，将"Min Width"（导线最小宽度）、"Max Width"（导线最大宽度）分别设置为"9mil""15mil"，如图 5-4-8 所示，单击"Apply"按钮，使设置生效。

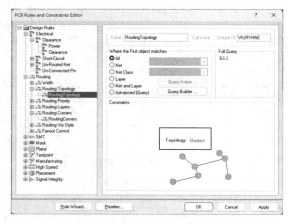

图 5-4-7　设置布线拓扑结构

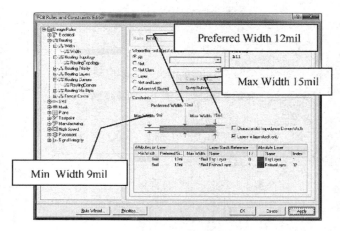

图 5-4-8　设置导线宽度

（10）添加新导线规则。在"Width"项上右击，在弹出的快捷菜单中选择"New Rule"命令，将电源网络导线命名为"VCC"，设置电源网络宽度为"25mil"。添加新导线规则，将接地网络导线命名为"GND"，设置接地网络宽度为"25mil"，如图 5-4-9 所示。

（11）在如图 5-4-9 所示的对话框中单击底部的"Priorities"按钮，弹出"Edit Rule Priorities"对话框，该对话框显示了"Rule Type""Priority""Enabled""Name""Scope""Attributes"等信息。通过单击下面的"Decrease Priority"（降序）按钮、"Increase Priority"（升序）按钮改变 VCC、GND、Width 三种导线规则的优先级，如图 5-4-10 所示。

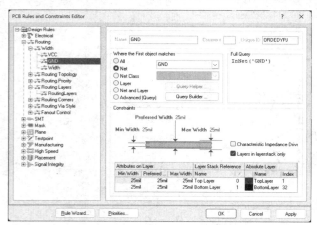

图 5-4-9　添加新导线规则

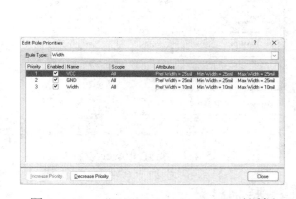

图 5-4-10　"Edit Rule Priorities"对话框

（12）先单击如图 5-4-10 所示的对话框中的"Close"按钮，再单击如图 5-4-9 所示的对话框中的"OK"按钮，完成所有设置。

任务二　PCB 布线

做中学

下面结合多功能定时控制器 PCB 设计，了解自动布线，这里采用 Protel 默认布线规则。

（1）打开"多功能定时控制器.PRJPCB"工程文件，单击打开"Projects"面板中的"Timer

controller.PCBDOC"文件。

（2）依次选择"Auto Route"→"All"命令，弹出如图 5-4-11 所示的"Situs Routing Strategies"对话框。

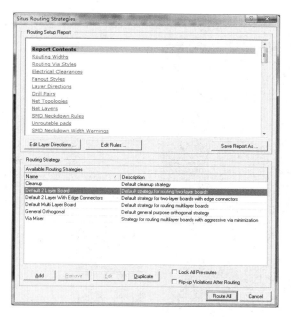

图 5-4-11　"Situs Routing Strategies"对话框

（3）在如图 5-4-11 所示的对话框中，单击 Route All 按钮，进入自动布线状态，系统会自动启动 Situs（自动布线器）对电路进行自动布线，同时弹出"Messages"面板，过一段时间（具体时间与计算机运行速度有关），最终反馈给设计者一个完成布线的综合性的"Messages"面板，如图 5-4-12 所示。

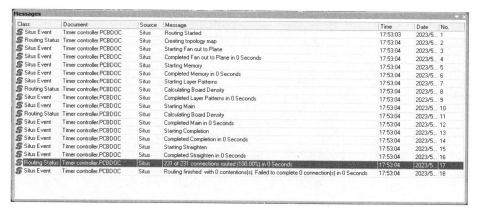

图 5-4-12　"Messages"面板

😊 **特别注释**

注意图 5-4-12 中阴影部分的信息含义是"共 231 条导线，布线 231 条，布线完成 100%，共用时 0 秒"。其他信息请读者自行阅读并分析。

在对自动布线结果不满意时，依次选择"Tools"→"Un-Route"→"All"命令，即可撤销所有已经完成的布线。

（4）自动布线结束后，PCB 编辑窗口显示的结果如图 5-4-13 所示。

（5）至此，自动布线就完成了。依次选择 "View" → "Board in 3D" 命令查看 3D 效果图，单击 PCB 编辑窗口右下角的 "PCB3D" 按钮，可以使用鼠标指针拖动 3D 效果图，从不同角度来查看 PCB，如图 5-4-14 所示。

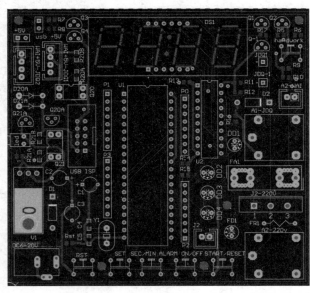

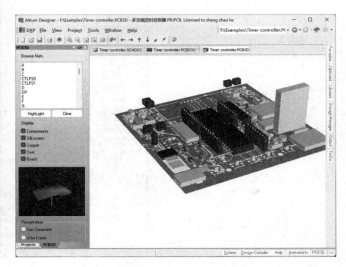

图 5-4-13　PCB 编辑窗口显示的结果　　　　图 5-4-14　3D 效果图

项目五　多功能定时控制器 PCB 检查

◯ 学习目标

（1）熟悉 PCB 的设计规则校验方法。

（2）学会查阅错误信息，能找出错误原因，并进行修正。

◯ 问题导读

PCB 检查能省吗

一天早晨，电路原理图与 PCB 两个兄弟碰面了。

电路原理图说："老弟，这要去哪儿？见上一面可真不容易呀！也不感谢我一声，没有我的把关（规则与检查），你无法被设计制作出来。难得碰面，聊聊吧！"

PCB 说："真是感谢！有老兄你把关，我就胜利一半了！不行，我还要抓紧时间去检查，彻底过关。回头再聊！"

电路原理图说："一半？得了，别太认真，我的规则与检查可是全方位的、立体的，你尽可放心，你制出来不就完事啦！走，陪我玩玩去，还检查什么！"

PCB 说："你有你的规则与检查，可还有撒手锏呢！我的检查更严格、更规范，就像食品一样，如果不合格会害人的，可马虎不得，回头见。"

电路原理图说："等等，老弟，我也去见识一下。"

知识拓展

DRC

在 PCB 设计布线完成之后,应当对 PCB 进行仔细的设计规则校验(Design Rules Check, DRC)。系统根据布线规则设置检查整个 PCB,以确保 PCB 上的所有网络连接正确无误,并符合 PCB 设计规则和产品设计要求,同时在所有出现错误的地方将使用 DRC 出错标志标记,并生成错误报表。

DRC 有两种形式——批处理(Batch)式 DRC 和在线(Online)式 DRC。

知识链接

DRC 形式细说

在线式 DRC 主要应用于 PCB 设计过程中,如果 PCB 上有违反设计规则的操作,Protel 将会把违反设计规则的图件变成绿色,以提醒设计者,而且若不排除此错误,当前的操作将不能继续进行。

批处理式 DRC 主要应用于 PCB 设计完成以后,对整个 PCB 进行一次全方位的设计规则校验,凡是与 PCB 设计规则冲突的设计将变成绿色,以提醒设计者。

在执行 DRC 之前,需要对设计校验项目进行相应设置。一般的 PCB 设计都要求对以下几方面进行 DRC。

- Clearance:安全间距方面限制设计规则校验。
- Width:导线宽度限制设计规则校验。
- Un-Routed Net:未布线网络限制设计规则校验。
- Short-Circuit:电路短路设计规则校验。

这些校验项目与 PCB 设计规则具有一一对应关系,在检查时如果与设计规则项目有冲突,就会被检验出来。

任务一 DRC

做中学

(1)打开"多功能定时控制器.PRJPCB"工程文件,单击打开"Projects"面板中的"Timer controller.PCBDOC"文件。

(2)依次选择"Tools"→"Design Rule Check"命令,或者使用"T+D"快捷键,启动"Design Rule Checker"对话框,如图 5-5-1 所示。

(3)单击如图 5-5-1 所示的对话框左下角的 Run Design Rule Check... 按钮,系统将进行 DRC,同时将自动切换到设计规则校验文件界面,如图 5-5-2 所示。

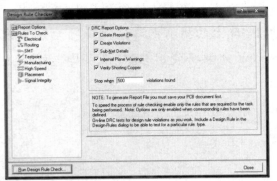

图 5-5-1　"Design Rule Checker" 对话框　　　图 5-5-2　设计规则校验文件界面

（4）"Messages" 面板被自动弹出（如果没有自动弹出，可以手动打开），如图 5-5-3 所示。

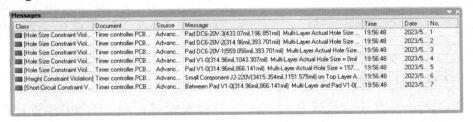

图 5-5-3　"Messages" 面板

任务二　查看 DRC 报表文件

做中学

（1）打开任务一生成的设计规则校验文件 "Timer controller.DRC"，浏览该设计规则校验文件可知，主要报告内容显示 Broken-Net Constraint((All))、Clearance Constraint(Gap=12mil)(InNet('VCC'))、(InNet('GND'))、Width Constraint(Min=25mil)(Max=25mil)(Preferred=25mil)(All) 等都不存在问题，不需要修改，初学者应耐心阅读和查看设计规则校验文件。

（2）在电路设计导线短路这一关键项中：Short-Circuit Constraint (Allowed=No) (All),(All) 也顺利通过，没有问题。存在违规问题的部分是 V1 元器件焊盘设计（V1 为自主元器件封装设计），该错误完全可以忽略。"Timer controller.DRC" 文件主要报告内容如下。

```
Processing Rule : Width Constraint (Min=25mil) (Max=25mil) (Preferred=25mil) (InNet('VCC'))
Rule Violations :0
Processing Rule : Clearance Constraint (Gap=8mil) (All),(All)
Rule Violations :0
Processing Rule : Broken-Net Constraint ( (All) )
Rule Violations :0
Processing Rule : Short-Circuit Constraint (Allowed=No) (All),(All)
    Violation between Pad V1-0(314.96mil,866.141mil)  Multi-Layer and
            Pad V1-0(314.96mil,1043.307mil)  Multi-Layer
Rule Violations :1
Processing Rule : Clearance Constraint (Gap=12mil) (InNet('VCC')),(InNet('GND'))
```

```
Rule Violations :0
Processing Rule : Width Constraint (Min=25mil) (Max=25mil) (Preferred=25mil) (InNet('GND'))
Rule Violations :0
```

（3）再次打开"Messages"面板，通过对比发现，错误均为电源端口、V1 等焊盘设计问题，双击如图 5-5-3 所示的界面中的第一行，打开"Timer controller.PCBDOC"文件，系统自动切换到对应的 PCB 处且高亮显示，如图 5-5-4 所示。

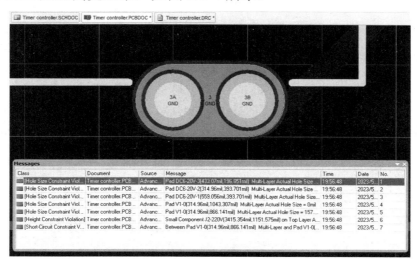

图 5-5-4　双击"Messages"面板第一行

➤ 技能重点考核内容小结

（1）能准确规划 PCB。

（2）熟悉 PCB 基本工作环境的设置方法。

（3）能对电路元器件封装进行常规操作及属性编辑。

（4）能利用网络表更新 PCB，能进行封装库的载入操作。

（5）能绘制转角导线，会放置焊盘。

（6）掌握元器件的自动布局与交互式布局。

（7）熟悉 PCB 布线规则的设置方法，掌握自动布线的操作方法及 PCB 校验方法。

（8）会进行 PCB 的 DRC 操作，熟悉设计规则校验文件内容。

➤ 习题与实训

一、填空题

1．在"Measurement Unit"选区中可以设置测量单位为_____或_____。

2．_____可以设置电气栅格范围，使系统在给定范围内自动搜索电气节点。

3．PCB 上的线路被称作_____或_____，用来连接 PCB 上的焊盘。

4．通常在 PCB 上面会印上文字与符号（大多是白色的），以标示各元器件在 PCB 上的位置，该层叫作_____。

5．可以采用_____、_____和_____的方法来设计 PCB。

6．在 PCB 中过孔有_____、_____和_____三种形式。

7. ＿＿＿＿＿只是一种形式上的连线，它只是从形式上表示各个焊点间的连接关系，没有电气的连接意义。＿＿＿＿＿是根据飞线指示的焊点间连接关系布置的，具有电气连接意义。

8. ＿＿＿＿＿包含元器件的外形轮廓及尺寸、引脚数量和布局（相对位置信息），以及引脚尺寸（长短、粗细或者形状）等基本信息。

9. PCB布线的分类：＿＿＿＿＿＿＿＿、＿＿＿＿＿＿＿＿、＿＿＿＿＿＿＿＿。

二、选择题

1. 在PCB图纸设置中，＿＿＿＿＿＿选项决定是否显示图纸。

    A．"Electrical Grid"   B．"Component Grid"

    C．"Visible Grid"   D．"Display Sheet"

2. 在PCB中，元器件的封装放在＿＿＿＿＿＿。

    A．机械层   B．丝印层   C．信号层   D．禁止布线层

3. 焊盘不可以设置为＿＿＿＿＿。

    A．方形   B．圆形   C．六角形   D．八角形

4. 用于定义PCB的电气边界的是＿＿＿＿＿＿。

    A．机械层   B．丝印层   C．禁止布线层   D．信号层

三、判断题

1. 主要用于放置元器件和布线的是机械层。   （   ）

2. 用于制造、安装标注和说明的是丝印层。   （   ）

3. 电源线和地线的宽度要合适，专用地线、电源线宽度应大于1mm。 （   ）

4. 尽可能缩短高频器件之间的连线，减小它们之间的分布参数，降低信号干扰。（   ）

5. 完全可以将封装库报表以".html"扩展名文件输出，以便浏览。   （   ）

6. 不同的元器件可以有相同的封装。   （   ）

7. 元器件（俗称零件）焊盘是指实际元器件焊接到PCB时引脚的外观和焊盘焊点的位置。   （   ）

8. "Short-Circuit Constraint"这一项内容显示：此时电路导线设计太短，存在Track类设计问题。   （   ）

四、简答题

1. PCB设计一般主要包括哪几个步骤？

2. PCB基本元素有哪些？

3. PCB布局的一般顺序和规则有哪些？

五、实训操作

实训5.1   OTL PCB设计

1. 实训任务

（1）PCB尺寸规格为60.6mm×50.5mm（$X \times Y$），边框距离为1.3mm。

（2）要求双层布线，导线线宽为 0.5mm。四个角处的安装孔的"Radius"为"1.5mm"，"Width"为"0.5mm"，也可根据实际安装框架设计。

（3）进一步熟悉封装操作及参数设置。

（4）元器件参照电路原理图来布局。

2．任务目标

（1）理解并掌握 PCB 导线属性的设置步骤。

（2）掌握 OTL 电路由电路原理图到 PCB 的设计过程。

（3）培养学生独立发现问题、分析问题、解决问题的能力。

3．电路原理图准备

参见第三单元"习题与实训"部分的图 3-3。

4．主要操作过程

按要求设计的 OTL PCB 效果图如图 5-1 所示，OTL PCB 实物图如图 5-2 所示。

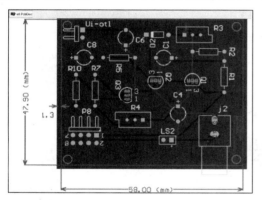
图 5-1　按要求设计的 OTL PCB 效果图

图 5-2　OTL PCB 实物图

实训 5.2　LM386 集成音频功率放大器 PCB 设计

1．实训任务

（1）学生自行设计填写：PCB 尺寸规格为_____，边框距离为_____。双层布线，导线宽度为_____。

（2）设计安装孔（焊盘）：设置"Hole Size"为"2mm"（也可以根据实际安装位置而定）。

（3）进一步熟悉封装库添加与搜索操作。

（4）元器件参照电路原理图来布局。

2．任务目标

（1）进一步理解并掌握 PCB 导线、过孔、焊盘属性的设置步骤。

（2）掌握 LM386 集成音频功率放大器由电路原理图到 PCB 的设计过程。

（3）培养学生独立对比思考问题、实际处理问题的能力。

3．电路原理图准备

参考第三单元"习题与实训"部分的图 3-4。

4．主要操作过程

按要求设计的 LM386 集成音频功率放大器 PCB 效果图如图 5-3 所示，LM386 集成音频功率放大器 PCB 实物图如图 5-4 所示。

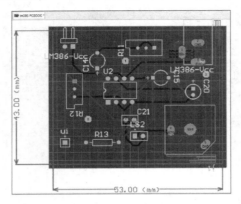

图 5-3　按要求设计的 LM386 集成音频功率
放大器 PCB 效果图

图 5-4　LM386 集成音频功率放大器 PCB 实物图

实训 5.3　绘制各种 PCB 布局图

1．实训任务

（1）新建一个名为"PCB_5_3"的项目文件。添加数字化资源库的实训资料：Y7-06.PCBDOC 文件，如图 5-5 所示。

（2）调整元器件位置，按如图 5-6 所示的布局图放置元器件。

2．具体要求

（1）对比图 5-6，删除图 5-5 中多余的元器件。

（2）对比图 5-5，在图 5-6 中添加缺少的元器件。

（3）按照图 5-6，编辑所有元器件序号。所有元器件序号的高度为 95mil，宽度为 5mil。（建议用集群编辑法修改）

（4）编辑序号为 8 的内容（Designator 为 8）中 2 号焊盘为八角形。焊盘各层插入字符串"PCB70611"，字体为默认，高度为 95mil，宽度为 10mil。

（5）放置安装孔。如图 5-6 所示，在机械层 1 放置安装孔，半径为 83mil，线宽为 1mil。

操作提示：① 通过"Place"菜单中的"Arc"命令和"Full Circle"命令放置圆弧。② "Arc"命令放置又可分为中心法（Center）、边缘法（Edge）、任意角度边缘法（Any Angle）。

（6）保存上述操作结果，将 PCB 文件另存为"SXLX_5_3.PCBDOC"文件。

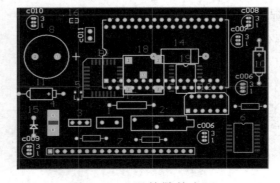

图 5-5　元器件散件布局

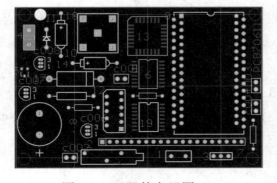

图 5-6　元器件布局图

实训 5.4 自制继电器元器件封装库

1．实训任务

新建一个名为"PCB_5_4"的项目文件，新建封装库文件名为"SXLX_5_4.PCBLIB"。

2．具体要求

试对常用 5 脚继电器进行 DIP 式封装（DIP-5），封装的引脚间距、焊盘大小、长度等精确尺寸如图 5-7 所示，完成继电器封装库设计，并保存操作结果。

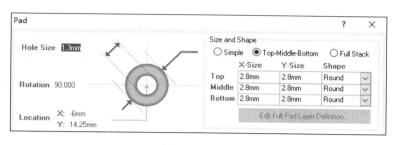 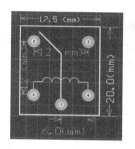

图 5-7 设计继电器封装库相关参数

第五单元实训综合评价表

班级			姓名		PC 号		学生自评成绩	
考核内容			配分		重点评分内容			扣分
1	手工规划 PCB		10		根据 PCB 结构尺寸画出边框			
2	设置 PCB 规则参数		5		进行线宽、线距、层定义、过孔、全局参数的设置等			
3	设置 PCB 工作层面		5		层面的管理、类型、设置			
4	创建新的封装库		15		使用向导功能创建封装库，会设置规定元器件的具体参数			
5	PCB 绘图工具的使用		15		绘制导线、圆弧或圆；放置焊盘、字符串、初始原点等			
6	元器件的自动布局与交互式布局		15		参照电路原理图，结合局部电路工作特性进行布局，检查布局			
7	自动布线与交互式布线		15		参照电路原理图进行预布线，检查布线是否符合电路模块要求，修改布线，并符合相应要求			
8	PCB 的检查		5		能处理一般性错误，及时更新			
9	元器件各种报表的打印输出		5		会用 Excel 电子表格输出 PCB 及封装库报表			
反馈	设计完成较好的是什么		5		—			
	操作存在的问题有哪些		5		—			
教师综合评定成绩					教师签字			

第六单元　工程项目 PCB 高级设计

本单元综合教学目标

　　了解 PCB 元器件布局需要考虑的因素，熟知元器件布局应严格遵循的原则，掌握 PCB 板层应用设计操作，进一步掌握 PCB 交互式布局、交互式布线的操作方法，理解 PCB 上各元器件间正确交互式布线的意义，掌握 PCB 覆铜设计的目的和作用，能进行 PCB 覆铜参数的设置，掌握覆铜具体操作。

岗位技能综合职业素质要求

1. 进一步掌握 PCB 布局应严格遵循的原则。
2. 熟练进行关键元器件的交互式布局操作。
3. 掌握 PCB 交互式布线的一般操作方法。
4. 会进行 PCB 覆铜参数的设置，掌握覆铜具体操作。

核心素养与课程思政目标

1. 进一步增强 PCB 板层设计操作相关信息意识，培养流程建设思维。
2. 进一步增强软件中的英文识别与软件应用能力。
3. 提高独立思考能力，形成做事严谨、工艺严格的思维方式。
4. 能掌握 PCB 交互式布线及覆铜操作方法，强化应用意识，强化电气安全信息意识。
5. 自信自强、守正创新，培育符合社会主义核心价值观的审美标准。
6. 强化 PCB 技术信息社会责任。
7. 贯彻党的二十大精神，自觉践行社会主义核心价值观。

项目一　汽车棚门禁 PCB 交互设计操作

学习目标

　　（1）学会对重要元器件进行交互式布局的操作方法，使重要元器件布局更合理、更符合电气工作特性。

　　（2）掌握交互式布局的关键操作步骤。

　　（3）学会对重要元器件进行交互式布线的操作方法，使其布线更合理、更符合工艺设计要求。

　　（4）掌握交互式布线的关键操作步骤。

元器件实物布局应考虑什么

在前面单元中已经介绍了与 PCB 相关的基础知识，现列举如下。

（1）单层 PCB，参考第四单元项目一层次电路部分中的继电器模块（外接独立使用）设计成的 PCB，如图 6-1-1 所示。

（2）双层 PCB，如汽车棚门禁 PCB（见图 6-1-2）。

（3）多层 PCB，如智能手机、计算机主板、工控机等，现在一般都有 4 层以上。国内很多公司已经可以设计出功能先进的迷你主板，这些迷你主板堪称艺术品。某品牌 20cm×20cm 的计算机主板如图 6-1-3 所示。

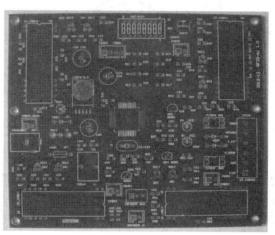

图 6-1-1　继电器 PCB　　　　　图 6-1-2　汽车棚门禁 PCB（正面）

图 6-1-3　某品牌 20cm×20cm 的计算机主板

Protel 虽然具有自动布局功能，但并不能完全满足一些电路的工作需要，要根据具体情况，先采用交互式布局优化调整部分元器件的位置，再结合自动布局完成 PCB 的整体设计。布局的合理性直接影响产品的寿命、稳定性、EMC（Electro Magnetic Compatibility，电磁兼容）等，必须综合考虑 PCB 的整体布局、布线的可通性、PCB 的可制造性、机械结构、散热、EMI（Electro Magnetic Interference，电磁干扰）、可靠性、信号的完整性等方面。几种电子产品 PCB 实物布局效果图如图 6-1-4 所示。

（a）多媒体插卡音箱收音机 PCB 实物布局效果图

（b）单片机基本开发板 PCB 实物布局效果图

（c）红外热释电报警器 PCB 实物布局效果图

图 6-1-4　几种电子产品 PCB 实物布局效果图

在进行元器件实物布局时，一般应先放置与机械尺寸有关的固定位置元器件，再放置特殊的和尺寸较大的元器件，最后放置尺寸小的元器件。同时，要兼顾布线方面的要求，如高频元器件的放置要尽量紧凑，以使信号线的布线尽可能短，降低信号线的交叉干扰等。

知识拓展

PCB 布局遵循的原则提高篇

首先，根据电子产品设计要求及开发制作成本，充分考虑 PCB 尺寸。其次，确定特殊元器件的位置。最后，根据电路的功能单元，对电路中的所有元器件进行布局。

另外，PCB 布局还应遵循以下原则。

（1）尽可能缩短高频元器件之间的连线，设法减小它们的分布参数，降低相互间的电磁干扰。

（2）带强电的元器件应尽量布置在调试时手不易触及的地方。

（3）热敏元器件应远离发热元器件。质量超过 15g 的元器件，应用支架加以固定焊接。

（4）对于电位器、可调电感线圈、可变电容器、微动开关等可调元器件的布局应考虑整机的结构要求，若是机内调节，则应放在方便调节的地方；若是机外调节，则其位置应与调节旋钮在机箱面板上的位置相适应。

（5）当 PCB 尺寸大于 200mm×150mm 时，应考虑 PCB 能够承受的机械强度。留出 PCB 的定位孔和固定支架占用的位置。

（6）尽可能按照电路的流程来安排各个功能电路单元的位置，使布局便于信号流通，注意以每个功能电路的核心元器件为中心来进行布局。

（7）位于 PCB 边缘的元器件，距 PCB 边缘一般不小于 2mm。PCB 的最佳形状为矩形，长宽比为 3：2 或 4：3。

混合信号 PCB 设计

混合信号 PCB 设计是一个复杂的过程，设计时要注意以下几点。

（1）尽可能将 PCB 分为独立的模拟电路部分和数字电路部分。

（2）尽可能通过合理的单元功能电路及元器件布局，实现模拟电源和数字电源分割布局。

（3）注意 A/D 转换器跨区放置。

（4）不要对地进行分割。在 PCB 的模拟电路部分和数字电路部分下面铺设统一接地电源。

（5）在 PCB 的所有层中，数字信号只能在 PCB 的数字电路部分布线。

（6）在 PCB 的所有层中，模拟信号只能在 PCB 的模拟电路部分布线。

（7）布线不能跨越分割电源面的间隙。

（8）采用正确的布线规则。

任务一　汽车棚门禁 PCB 交互式布局操作

单片机工作电路中较复杂的部分是时钟电路部分，通常晶振应尽量靠近主控芯片，走线越短越好，以使其时钟频率工作稳定、准确。晶振下面最好不走线，特别是高速信号线。单片机的 XTAL1 引脚和 XTAL2 引脚，即晶振引脚均为高阻引脚，必须小心处理，晶振与 XTAL1 引脚、XTAL2 引脚之间的连线距离应尽量短。

做中学

先看一下汽车棚门禁电路设计的"Door.PRJPCB"工程文件，设计结果窗口如图 6-1-5 所示。

图 6-1-5　"Door.PRJPCB"工程文件

接下来，以设计汽车棚门禁工作电路"Door.PCBDOC"文件为例，具体进行晶振电路部分交互式布局。

（1）新建"Door.PRJPCB"工程文件（新建"*.PRJPCB"工程文件操作步骤此处省略，参考第五单元），新建"Door.SCHDOC"文件（新建"*.SCHDOC"文件操作步骤此处省略，参考第三、四单元），并最终完成电路原理图的检查与修改，各库均已添加，如图 6-1-6 所示。

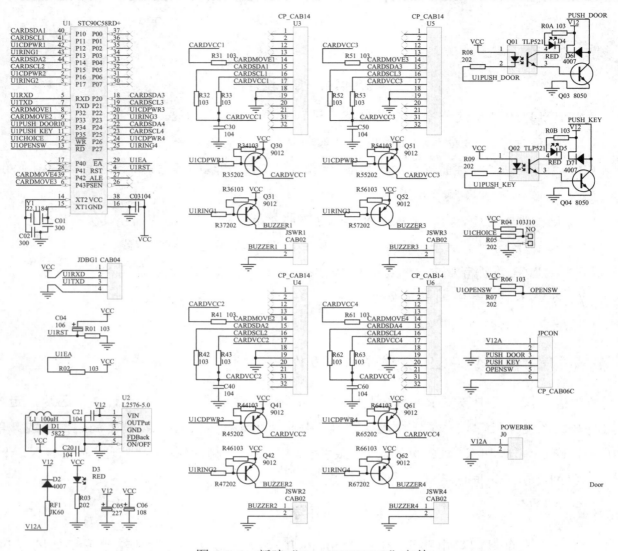

图 6-1-6   新建"Door.SCHDOC"文件

（2）新建"Door.PCBDOC"文件。

（3）单击 PCB 编辑窗口下方的"Mechanical 1"标签，先根据坐标绘制一个大小为 125mm×110mm 的矩形框作为 PCB 的物理边界，然后切换到禁止布线层，在物理边界中绘制一个大小为 123mm×108mm 的矩形框作为 PCB 的电气边界，如图 6-1-7 所示。

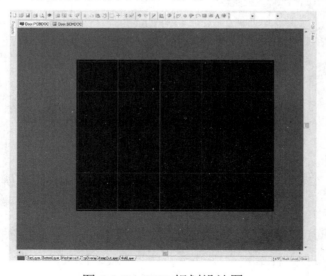

图 6-1-7   PCB 规划设计图

（4）依次选择"Place"→"Pad"命令，放置焊盘（作为安装孔，孔径及"X-Size""Y-Size"的值均为 3.3mm，注意将四个焊盘放置在 PCB 四个角的相对位置）。具体操作不再赘述。

（5）单击"Door.SCHDOC"文件，返回电路原理图编辑窗口。依次选择"Design"→"Update PCB Document Door.PCBDOC"命令，弹出如图 6-1-8 所示的"Engineering Change Order"对话框。

（6）单击"Validate Changes"按钮进行验证变更，若系统没有报错，则单击"Execute Changes"按钮进行电路原理图变更，将网络表和元器件载入"Door.PCBDOC"文件，执行变更过程的界面如图 6-1-9 所示。若系统报错，则需要关闭"Engineering Change Order"对话框，回到电路原理图编辑窗口对电路原理图进行修改，之后再次执行更新 PCB 命令。

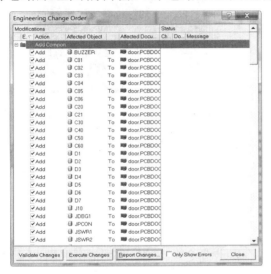

图 6-1-8 "Engineering Change Order"对话框

图 6-1-9 执行变更过程的界面

载入封装库和网络表后的窗口显示效果如图 6-1-10 所示。

（7）单击左下角的"Door"的 Room，并按"Del"键将其删除。接下来进行交互式布局。

（8）考虑单片机晶振电路工作的重要性，先对其进行交互式布局操作。将单片机 STC90C58RD+、晶振、贴片电容移至 PCB 中心，如图 6-1-11 所示。

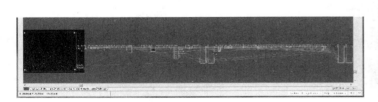

图 6-1-10 载入封装库和网络表后的窗口显示效果

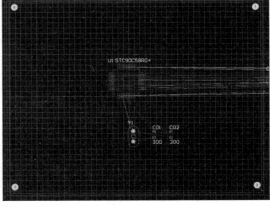

图 6-1-11 单片机晶振电路部分准备预布局

（9）根据单片机的 14 引脚、15 引脚（XTAL1 引脚、XTAL2 引脚）的位置，依次放置晶振 Y1、贴片电容 C01、贴片电容 C02，按"Space"键，改变元器件方向，就近放置在单片机引脚处，如图 6-1-12 所示。

（10）对晶振 Y1、贴片电容 C01、贴片电容 C02 进行精细布局。将 PCB 布局图放大，经仔细观察可知，飞线不够竖直，而且贴片电容 C01、贴片电容 C02 顶端没有对齐。参考飞线方向及长短，移动晶振 Y1、贴片电容 C01、贴片电容 C02，将飞线拉竖直。选择贴片电容 C01、贴片电容 C02，依次选择"Edit"→"Align"命令，在子菜单下选择"Align Top"命令。精确放置结果如图 6-1-13 所示。

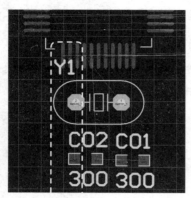

图 6-1-12　晶振 Y1、贴片电容 C01、
贴片电容 C02 初步放置效果图

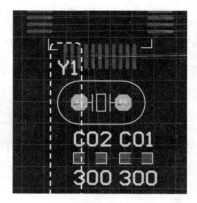

图 6-1-13　晶振 Y1、贴片电容 C01、
贴片电容 C02 精确放置效果图

（11）按照元器件布局顺序与一般就近原则，对其他元器件进行交互式布局，包括文字标注等内容。最终完成的汽车棚门禁 PCB 布局图如图 6-1-14 所示。

（12）依次选择"File"→"Save All"命令，保存所有文件。

（13）依次选择"View"→"Board in 3D"命令，查看汽车棚门禁 PCB 的 3D 仿真效果，如图 6-1-15 所示。

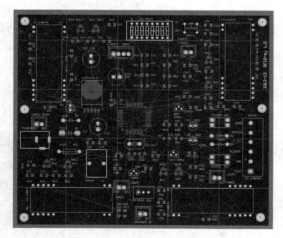

图 6-1-14　最终完成的汽车棚门禁 PCB 布局图

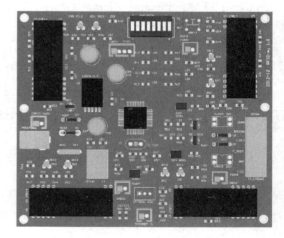

图 6-1-15　汽车棚门禁 PCB 的 3D 仿真效果

总之，晶振电路要小心处理，其布线较为关键，所有安排一律从优，要特殊照顾。

任务二　汽车棚门禁 PCB 交互式布线操作

做中学

下面来手工完成汽车棚门禁单片机 14 引脚、15 引脚到晶振的导线连接，并锁定。

（1）打开"Door.PRJPCB"工程文件，单击打开"Projects"面板下的"Door.PCBDOC"

文件。

（2）单击"Wiring"工具栏中的按钮或依次选择"Place"→"Interactive Routing"命令，进入绘制导线状态，此时鼠标指针变为十字形。

（3）移动鼠标指针到 14 引脚焊盘上，待鼠标指针变为小圆圈时，单击，确定导线的起点在该引脚上，如图 6-1-16 中的虚线圈所示。

（4）移动鼠标指针至晶振 Y1 的 2 引脚焊盘上，单击，确定导线的终点，右击，退出绘制导线状态，导线连接结果如图 6-1-17 所示。

（5）同理完成 15 引脚到晶振 Y1 的 1 引脚的导线连接，效果如图 6-1-18 所示。

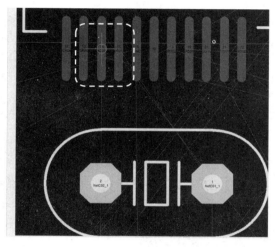 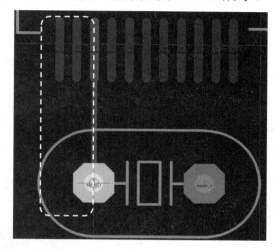

图 6-1-16　捕获到 14 引脚焊盘　图 6-1-17　完成 14 引脚到晶振 Y1 的 2 引脚焊盘的导线连接

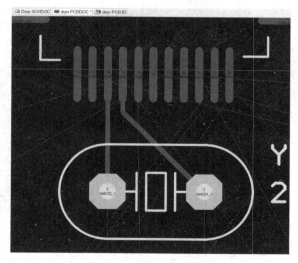

图 6-1-18　14 引脚、15 引脚到晶振 Y1 的 1 引脚的导线连接效果

😊 **特别注释**

在绘制导线过程中，在适当位置处单击可以实现导线的转角，按"Space"键可以改变导线的转角位置，更多详细内容参见前文关于转角导线的介绍。

（6）双击 14 引脚与晶振 Y1 的 2 引脚间的导线，打开"Track"对话框，勾选"Locked"复选框，完成导线锁定操作，表示此导线在将来的自动布线中保持不变，如图 6-1-19 所示。

（7）同理，完成 15 引脚到晶振 Y1 的 1 引脚间的导线锁定。

（8）设置导线规则。依次选择"Design"→"Rules"命令，打开"PCB Rules and Constraints Editor"对话框。

（9）依次单击左侧目录结构树中的"Routing"→"Width"→"Width"选项，将"Preferred Width"设置为"0.254mm"，将"Max Width"设置为"2.0mm"，如图 6-1-20 所示。单击"Apply"按钮，使设置立即生效。

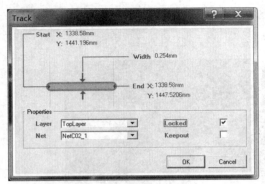

图 6-1-19 "Track"对话框

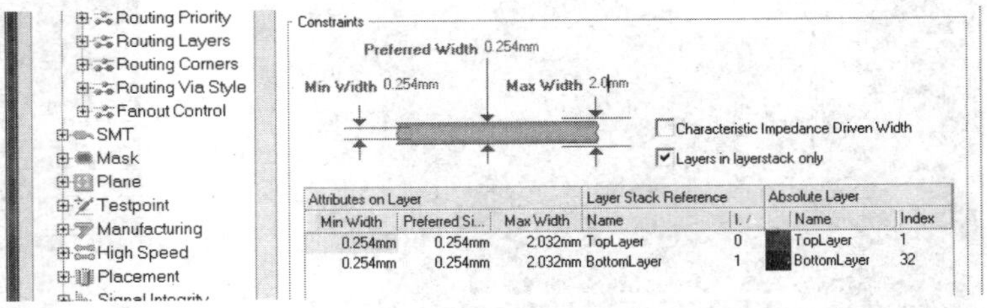

图 6-1-20 设置"Preferred Width"和"Max Width"

（10）对其余导线进行自动布线，依次选择"Auto Route"→"All"命令，单击 [Route All] 按钮，进行自动布线，如图 6-1-21 所示。

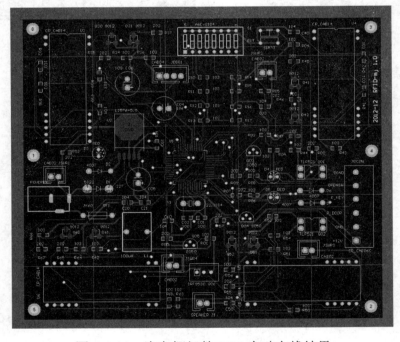

图 6-1-21 汽车棚门禁 PCB 自动布线结果

😊 **特别注释**

每次自动布线的结果有可能不同（如个别元器件位置不同），设计者可以多进行几次自动布线，并进行对比，选择最满意的一次。

（11）调整自动布线结果，如调整绕远的导线、转直角的导线等。

项目二　汽车棚门禁 PCB 的覆铜设计

学习目标

（1）熟悉覆铜参数的设置。

（2）掌握 PCB 覆铜的具体操作。

问题导读

PCB 覆铜设计过程可以省略吗

特别简单的电子产品的 PCB 覆铜设计过程是可以省略的。但是，较复杂的 PCB 整体设计，尤其是在 PCB 的设计过程中，为了提高系统的抗干扰能力并考虑大电流的流通等因素，通常需要放置大面积的电源和接地区域，此时 PCB 覆铜设计显得非常必要。

知识拓展

增加覆铜设计

图 6-2-1 所示为汽车棚门禁 PCB 主板底层覆铜效果图。核心主板有 RFID 模块控制部分电路，需要保证无线信号传输，以提高系统的抗干扰能力，很明显电路左边整个区域要进行覆铜设计。

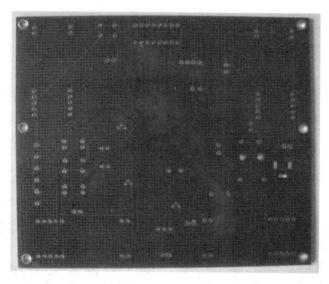

图 6-2-1　汽车棚门禁 PCB 主板底层覆铜效果图

Protel 通过绘制填充区功能来实现覆铜设计。常用的填充方式有两种：多边形填充和矩形填充（Fill）。多边形填充是指把大面积的铜箔处理成网线状，矩形填充是指完整保留铜箔。在设计过程中，初学者在计算机上往往看不出二者的区别，实际上，把 PCB 图面放大后就一目了然了。需要强调的是，多边形填充在电路特性上有较强的抑制高频干扰的作用，适用于需要进行大面积覆铜填充的场合，特别是把某些区域当作屏蔽区、分割区或大电流的电源线时。矩形填充多用于一般的线端部或转折区等需要进行小面积填充的场合。

换个角度更美

在 PCB 编辑状态下，按"P+G"快捷键，弹出"Polygon Pour"对话框，在该对话框中可以进行覆铜的放置与属性编辑，如图 6-2-2 所示。

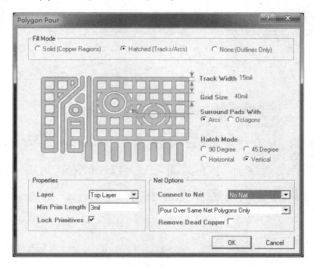

图 6-2-2　"Polygon Pour"对话框

在"Polygon Pour"对话框中，可以选择的填充模式（"Fill Mode"选区）有三种：实心填充（"Solid(Copper Regions)"单选按钮）、栅格化填充（"Hatched(Tracks/Arcs)"单选按钮）及无填充（只有边框）（"None(Outlines Only)"单选按钮）。

（1）实心填充模式：优点为具备大电流和屏蔽双重作用，硬度高，常用于有大电流要求的低频电路；缺点为在大面积覆铜经过波峰焊时，PCB 可能会翘起来，甚至绿油会起泡，且不支持圆形开孔的圆弧（洞），解决方法为在 PCB 上开几个槽，缓解绿油起泡。

（2）栅格化填充模式：可以设置围绕焊盘的形式、多边形填充区的网格尺寸、导线宽度及所处的层等参数，优点是减小了铜箔的受热面积，同时起到一定的电磁屏蔽作用，常用于抗干扰要求高的高频电路；缺点是单纯的栅格主要起屏蔽作用，加大电流的作用被降低了。

① "Surround Pads With"（环绕焊盘）选区包括两个单选按钮，分别为"Arcs"（弧形）单选按钮和"Octagons"（八角形）单选按钮，两种环绕焊盘方式效果图如图 6-2-3 所示。

（a）弧形环绕焊盘　　　　　　　　（b）八角形环绕焊盘

图 6-2-3　两种环绕焊盘方式效果图

② "Hatch Mode"（栅格化填充模式）选区包括四个单选按钮，分别为"90 Degree"（90°填充）单选按钮、"45 Degree"（45°填充）单选按钮、"Horizontal"（水平填充）单选按钮和"Vertical"（垂直填充）单选按钮。

（3）无填充模式：主要是为设计者分析结构和不同多边形而设计的。在修改设计时，此模式非常有用。

任务一　汽车棚门禁 PCB 覆铜参数设置

下面结合汽车棚门禁电路工程项目设计，对电路中的地线进行覆铜操作。

做中学

（1）打开"Door.PRJPCB"工程文件，单击打开"Projects"面板下的"Door.PCBDOC"文件。

（2）依次选择"Tools"→"Un-Route"→"Net"命令，鼠标指针变成十字形，将鼠标指针移至任意一段地线（GND 导线）上，如图 6-2-4 所示。

（3）单击，删除所有地线网络的布线，此时汽车棚门禁电路 PCB 如图 6-2-5 所示，自动布线的地线变回飞线状态。

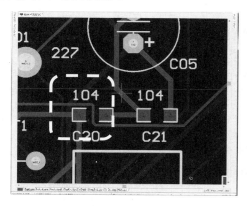
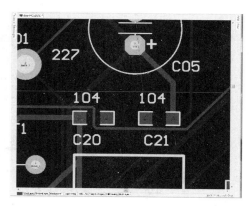

图 6-2-4　删除地线　　　　　　　图 6-2-5　删除地线后的 PCB

（4）依次选择"Design"→"Rules"命令，进入"PCB Rules and Constraints Editor"对话框，依次单击左侧目录结构树中的"Plane"→"Polygon Connect Style"→"PolygonConnect"选项，设置覆铜与相同网络标号元器件的连接方式，将"Connect Style"设置为 Direct Connect，如图 6-2-6 所示。

（5）依次单击左侧目录结构树中的"Power Plane Clearance"→"PlaneClearance"选项，设置覆铜安全间距，将"Clearance"设置为"0.5mm"，如图 6-2-7 所示。

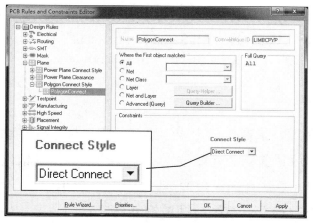
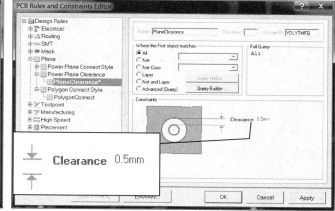

图 6-2-6　设置覆铜与相同网络标号元器件的连接方式　　　图 6-2-7　设置覆铜安全间距

（6）单击"OK"按钮。

（7）依次选择"File"→"Save All"命令，保存文件。

任务二 汽车棚门禁 PCB 覆铜操作

完成前面几项准备工作后，汽车棚门禁 PCB 就可以进行覆铜了。

做中学

（1）依次选择"Place"→"Polygon Pour"命令或按"P+G"快捷键，弹出"Polygon Pour"对话框，如图 6-2-8 所示。

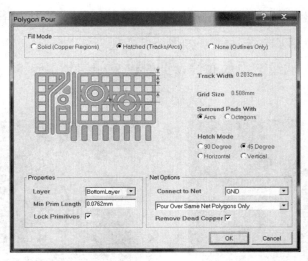

图 6-2-8   "Polygon Pour"对话框

☺ **特别注释**

在如图 6-2-8 所示的对话框中，进行如下设置。

- 将"Fill Mode"设置为"Hatched(Tracks/Arcs)"。
- 将"Grid Size"设置为"40mil"，将"Track Width"设置为"15mil"。
- 将"Surround Pads With"设置为"Arcs"。
- 将"Hatch Mode"设置为"45 Degree"。
- 将"Layer"设置为"BottomLayer"，将"Min Prim Length"设置为"3mil"。
- 将"Connect to Net"设置为"GND"。
- 在"Net Options"选区中的下拉列表中选择"Pour Over All Same Net Objects"选项。
- 勾选"Remove Dead Copper"复选框。

（2）设置好覆铜相关参数后，单击"OK"按钮，鼠标指针变成十字形，将鼠标指针移动到禁止布线层中任意一个角的内侧，单击，确定放置覆铜的起始位置，再移动鼠标指针依次到另外三个角的内侧位置，单击，确定覆铜范围（矩形封闭区域），即选中整个 PCB。

（3）选择好覆铜区域后，右击，退出放置覆铜状态，系统自动覆铜并显示覆铜结果，如图 6-2-9 所示。

（4）操作同（2）、（3），对顶层进行覆铜操作，结果如图 6-2-10 所示。

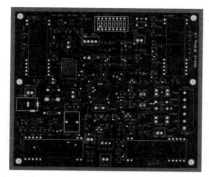

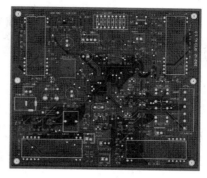

图 6-2-9　汽车棚门禁 PCB 底层覆铜结果　　　图 6-2-10　汽车棚门禁 PCB 顶层覆铜结果

> **技能重点考核内容小结**

（1）掌握 PCB 关键元器件的交互式布局方法和具体操作。

（2）熟练掌握 PCB 交互式布线操作。

（3）能进行 PCB 覆铜参数的设置，掌握 PCB 覆铜具体操作。

> **习题与实训**

一、填空题

1. ＿＿＿＿＿＿填充在电路特性上有较强的抑制高频干扰作用，适用于需要进行大面积覆铜填充的地方。

2. 布局的合理性直接影响产品的寿命、稳定性、＿＿＿＿＿＿。

3. 一般在 PCB 尺寸大于＿＿＿＿＿＿时，应考虑 PCB 能够承受的机械强度。

4. 在绘制导线过程中，在适当位置通过单击可实现导线的转角，按＿＿＿＿＿＿键可以改变导线的转角位置。

5. 依次选择"Place"→"Interactive Routing"命令，进入放置＿＿＿＿＿＿状态，此时鼠标指针变为十字形。

6. 设计 PCB 物理尺寸的当前层为＿＿＿＿＿＿＿。

二、判断题

1. "Auto Route"菜单下的"Net"命令表示对指定的网络进行自动布线。　　　（　　）

2. 布线设置时尽量加宽电源线、地线，最好是电源线比地线宽，它们的关系是地线宽度小于电源线宽度。　　　　　　　　　　　　　　　　　　　　　　　　（　　）

3. 在 PCB 设计中，为了提高 PCB 的抗干扰能力，通常会在 PCB 上没有布线的空白区覆满铜膜。　　　　　　　　　　　　　　　　　　　　　　　　　　　　（　　）

三、简答题

1. PCB 进行覆铜的作用是什么？

2. Protel 的"Polygon Pour"对话框中有哪几种填充模式？

四、实训操作

实训 6.1　设置五层 PCB

1．实训任务

按要求完成五层 PCB 设置。

2．任务目标

（1）熟悉并掌握 PCB 相关菜单及工具栏的使用方法。

（2）会在"Layer Stack Manager"对话框中对 PCB 进行设置。

（3）培养学生独立操作、解决问题的能力。

3．设计要求

（1）PCB 尺寸规格为 80.0mm×80.0mm，边框距离为 1.5mm。

（2）要求设置五层 PCB：三层信号层，夹 VCC 和 GND 两个内电层。

实训 6.2　汽车倒车数码雷达 PCB 的覆铜设计

1．实训任务

按要求完成汽车倒车数码雷达 PCB 的覆铜设计。

2．任务目标

（1）掌握 PCB 覆铜参数的设置方法。

（2）熟悉并掌握 PCB 覆铜具体操作。

（3）培养学生善于思考、发现问题、解决实际问题的能力。

3．PCB 准备

参考数字化资源库中第五单元的汽车倒车数码雷达案例设计。

4．设计要求

（1）覆铜设置要求：90°阴影线填充，环绕焊盘为弧形，勾选"Remove Dead Copper"复选框，选择"Pour Over All Same Net Objects"选项，连接到的网络为"GND"，"Grid Size"为"40mil"，"Track Width"为"10mil"。

（2）覆铜后进行 3D 仿真输出。

最终设计的汽车倒车数码雷达 PCB 覆铜效果图如图 6-1 所示，3D 仿真效果图如图 6-2 所示。

图 6-1　最终设计的汽车倒车数码雷达 PCB 覆铜效果图

图 6-2　3D 仿真效果图

实训 6.3 模拟两路循环彩色信号灯 PCB 覆铜设计

1．实训任务

参考第四单元习题与实训 4.2 电路原理图（见图 4-3），完成模拟两路循环彩色信号灯 PCB 覆铜设计。

2．设计要求

（1）电阻、瓷片电容封装可以采用 SMD 式。

（2）锁定焊盘（四个焊盘坐标精准）、LED、U2、U3、U4。

（3）元器件布局排列整齐。

（4）设置电气安全间距为 15mil。

（5）进行双层布线。

（6）覆铜设置：90°栅格化填充，围绕焊盘分别为八角形，勾选"Remove Dead Copper"复选框，选择"Pour Over All Same Net Objects"选项，连接到的网络为"14"，"Grid Size"为"50mil"，"Track Width"为"15mil"。

（7）覆铜后进行 3D 仿真输出。

模拟两路循环彩色信号灯 PCB 覆铜设计参考效果图如图 6-3 所示。

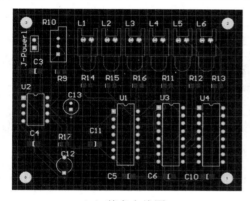

（a）整齐布线图   （b）覆铜图

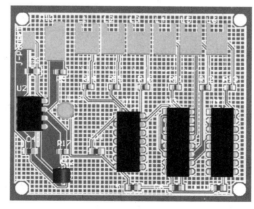

（c）3D 仿真效果图

图 6-3 模拟两路循环彩色信号灯 PCB 覆铜设计参考效果图

实训 6.4 全国绘图员职业资格认证（电路 PCB 设计部分）模拟考试

1．实训任务

按要求完成 PCB 设计（满分 25 分）。

2．设计要求

（1）新建工程文件，文件名为"2023.PRJPCB"，新建PCB文件，文件名为"2023B.PCBDOC"。

（2）设置PCB尺寸为75mm×65mm，采用直插式元器件，两层布线。

（3）根据如图6-4所示的封装参考信息，为LS7812制作一个封装库，并添加该库。

（4）PCB中的焊盘与走线的安全距离为8mil。地线在底层走线且线宽为40mil，地线在顶层走线且线宽为30mil，其余线宽为15mil。

（5）要求PCB上的元器件布局合理，符合PCB设计规则。

（6）要求设计、编辑、检查等操作过程正确、规范。

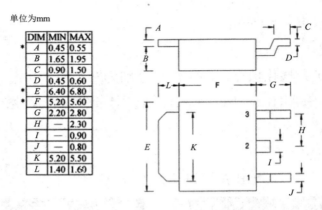

单位为mm

DIM	MIN	MAX
*A	0.45	0.55
B	1.65	1.95
C	0.90	1.50
D	0.45	0.60
*E	6.40	6.80
*F	5.20	5.60
G	2.20	2.80
H	—	2.30
I	—	0.90
J	—	0.80
K	5.20	5.50
L	1.40	1.69

图6-4　LS7812封装参考信息

第六单元实训综合评价表

班级			姓名		PC号		学生自评成绩	
考核内容			配分		重点评分内容			扣分
1	创建PCB文件：新建工程文件，文件名为"2023.PRJPCB"；新建PCB文件，文件名为"2023B.PCBDOC"		2		文件建立正确			
2	PCB尺寸设置：75mm×65mm，采用直插式元器件，两层布线		2		设置数据正确，两层设计正确			
3	创建封装库：根据给出的封装参考信息创建封装库		5		正确创建封装库，具体参数符合要求			
4	布线设置与操作		2		按要求正确完成布线设置			
5	PCB安装孔设计		1		正确设置焊盘，准确放置焊盘			
6	PCB交互式布局及集群编辑		7		"ST Operational Amplifier.INTLIB"库添加正确，设计符合要求			
7	创建网络表		1		正确创建网络表，内容正确			
8	PCB交互式布线		3		进行预布线，检查布线是否符合电路模块要求，修改布线，并符合设计要求			
9	PCB综合检查		2		对于元器件参数、布局、布线等，能处理一般性的错误，并及时更新			
综合评定成绩					教师签字			

注：全国绘图员职业资格认证（电路PCB设计部分）模拟考试评分细则。

第七单元 电路仿真操作

本单元综合教学目标

了解 Protel 的仿真功能，熟悉 Protel 常用仿真元器件及激励源参数的设置方法，掌握 Protel 电路仿真分析的选择与参数设置的方法，学会创建和调用仿真元器件封装库的基本操作方法，学会静态工作点分析、交流小信号分析等仿真分析类型，基本掌握模拟电路仿真操作。

岗位技能综合职业素质要求

1. 熟练掌握 Protel 建立仿真电路的操作。
2. 会进行典型电路仿真设计参数设置操作。
3. 能对仿真结果进行验证分析。
4. 基本掌握整流电路仿真运行与分析操作。

核心素养与课程思政目标

1. 提高仿真设计操作相关信息意识，培养模式识别思维。
2. 进一步增强 Protel 仿真软件中的英文识别与软件应用能力。
3. 提高虚拟仿真软件设计能力，形成做事严谨的思维方式。
4. 强化电路应用意识，强化电气安全信息意识。
5. 自信自强、守正创新，培育符合社会主义核心价值观的审美标准。
6. 强化仿真技术信息社会责任。
7. 贯彻党的二十大精神，自觉践行社会主义核心价值观。

项目一 电路仿真的基本操作

教学微课

学习目标

（1）掌握绘制电路原理图的方法。

（2）掌握原理图库的创建与原理图库的装载操作。

（3）学会仿真元器件及激励源参数的设置方法与仿真电路运行的方法。

问题导读

什么是电子仿真技术

EDA 技术是在电子 CAD 技术的基础上发展起来的通用软件系统，是指通过以计算机为辅助设计工作平台，融合应用电子技术、计算机技术、信息处理技术及智能化、网络化技术的最新成果，进行电子产品的自动设计及开发研究。电子仿真技术是涵盖众多仿真软件，以及在电路原理图工作时需要应用的图像处理、图像编辑程序、电路文件等的综合性技术，是将电路实际工作实现模拟并数字化，包括多种软件、技术的"全真电子技术"。

知识拓展

Protel 仿真特点

Protel 仿真具有如下特点。

（1）具有较全面的分析功能。用户可以根据仿真器提供的功能，分析电路的各方面性能，如电路的直流工作点和瞬态分析、交流小信号分析、直流扫描分析等特性。

（2）具有丰富的信号源，包括直流电压源、直流电流源、正弦电压信号源、脉冲电压源、正弦电流源、脉冲电流信号源等。

（3）具有典型的仿真模型库。Protel 提供了大量模拟和数字仿真原理图库。

（4）具有友好的操作界面。无须手工编写电路网络表文件，Protel 将根据绘制的电路原理图自动生成网络表文件并进行仿真，可以通过对话框对电路分析参数进行设置；可以同时显示多个信号波形，以便观察。

知识链接

Protel 电路仿真

Protel 为用户提供了功能全面、使用方便的仿真器。利用仿真器可以对电子技术中经常涉及的稳压电路（含整流、滤波）、555 多谐振荡器、单稳态电路、施密特触发器、各种功率放大器等电路原理图进行即时仿真操作、数据验证及电路检验。图 7-1-1 所示为半波整流滤波电路和桥式整流滤波电路原理图，仿真运行结果如图 7-1-2 所示，波形对比十分清楚。

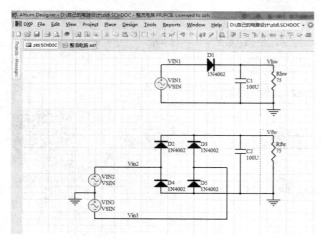
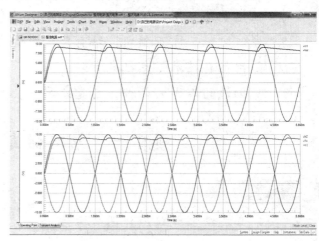

图 7-1-1　半波整流滤波电路和桥式整流滤波电路原理图　　　图 7-1-2　仿真运行结果

任务一　建立仿真文件

做中学

（1）打开 Protel，依次选择"File"→"New"→"Design Workspace"命令，新建一个工程项目组文件，如图 7-1-3 所示。

（2）依次选择"File"→"Save Design Workspace"命令，将文件保存为名为"电路仿真.DSNWRK"的文件。

（3）依次选择"File"→"New"→"Project"→"PCB Project"命令，新建工程文件，并将其保存为名为"整流电路.PRJPCB"的文件，结果如图7-1-4所示。

图7-1-3　新建工程项目组文件　　　图7-1-4　建立"整流电路.PRJPCB"文件

（4）依次选择"File"→"New"→"Schematic"命令，新建电路原理图，如图7-1-5所示。

（5）单击"保存"按钮，将其保存为名为"zldl.SCHDOC"的文件，"Projects"面板如图7-1-6所示。

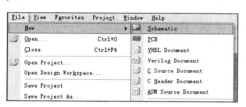

图7-1-5　新建电路原理图　　　　　图7-1-6　"Projects"面板

任务二　仿真原理图库操作

进入绘制电路原理图阶段，绘制方法与编辑设置方法与前文相同，但是选择的元器件必须具有仿真属性，以确保电路仿真工作正常运行。

做中学

（1）打开基本原理图库，从里面查找要使用的仿真元器件，我们也可以通过元器件的属性栏判断该元器件是否具有仿真属性。图7-1-7所示为具有仿真属性的电阻。

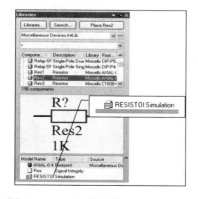

图7-1-7　具有仿真属性的电阻

（2）单击"Libraries"面板中的"Libraries"按钮，弹出"Available Libraries"对话框，在此对话框中进行添加或删除库操作，如图7-1-8所示。

（3）单击"Install"按钮，弹出"打开"对话框。在"打开"对话框中找到目标仿真库，如Protel安装目录下的"Altium2004\ Library\Simulation"目录下的五个仿真库，单击第一个库文件，按住"Shift"键的同时单击最后一个库文件，将它们全部选中，如图7-1-9所示。

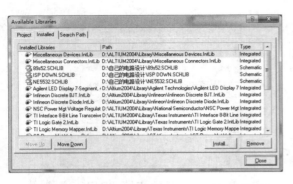
图7-1-8　"Available Libraries"对话框

图7-1-9　选中五个仿真库

 特别注释

注意如图7-1-9所示的对话框中的文件的扩展名为".INTLIB"。

（4）单击"打开"按钮，即可完成这五个仿真库的添加，结果如图7-1-10所示。

（5）单击"Close"按钮，在"Libraries"面板中可以看到目标库文件，如图7-1-11所示。

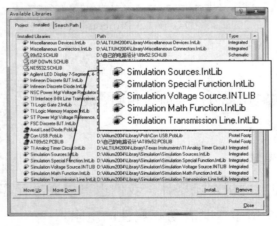
图7-1-10　添加五个仿真库后的"Available Libraries"对话框

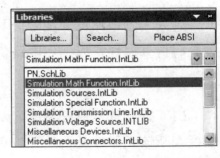
图7-1-11　展开"Libraries"面板

项目二　仿真电路设计与电源激励源操作

⬤ **学习目标**

（1）学会设计半波整流滤波电路、桥式整流滤波电路的电路原理图，掌握定位仿真库的方法。

（2）掌握常用的交流仿真激励源的操作方法。

问题导读

制作 PCB 的成功率可以是 100%吗

　　Protel 可以对典型电路进行仿真，也可以对电路性能进行分析和校验。采用电路仿真可以提高设计电路的质量和可靠性，使设计成功率达到 100%，降低反复实际焊接、调试的费用，减轻设计者的工作量，缩短产品研发周期。图 7-2-1 所示为整流滤波稳压电路 PCB 实物图。整流滤波稳压电路在经过仿真数据验证后，制成实际的 PCB 作为电源模块，稳定地为小功率放大器、循环彩灯、报警电路等电路供电。

图 7-2-1　整流滤波稳压电路 PCB 实物图

知识拓展

Protel 中的典型电路仿真基本步骤

　　（1）建立原理图文件，当然也可以建立自由的原理图文件。

　　（2）添加需要的库。

　　（3）根据仿真电路原理图，放置元器件，绘制仿真电路原理图，并设置元器件的仿真参数。仿真电路原理图的绘制过程与普通电路原理图的绘制过程相同。

　　（4）放置仿真实验需要的各种激励源。仿真过程中要使用的激励源可从激励源原理图库"Simulation Sources.INTLIB"或电压源原理图库"Simulation Voltage Source.INTLIB"中选取，常用的信号源可以从仿真激励源工具栏中选取。

　　（5）设置激励源的仿真参数，如交/直流电源电压、正弦交流信号的幅值/频率等。

　　（6）设置电路原理图中的仿真节点。通过放置网络标号来设置需要分析的仿真节点。

　　（7）打开"Analyses Setup"对话框，启动 Protel 仿真器。

　　（8）选择仿真方式并设置仿真参数。

　　（9）运行仿真电路，获得仿真结果。

　　（10）通过仿真结果对仿真电路原理图进行调试与改进，再次运行仿真。

知识链接

常用的仿真基本元器件

　　（1）电阻。电阻仿真元件在"Miscellaneous Devices.INTLIB"基本原理图库中，常用的电阻仿真元件如图 7-2-2 所示，其中，第一行电阻图形符号为美国标准，第二行电阻图形符号为欧洲标准。

　　（2）电容。电容有瓷片电容、电解电容之分，常用的电容仿真元件如图 7-2-3 所示。

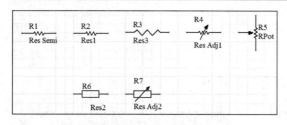

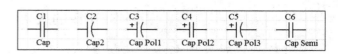

图 7-2-2　常用的电阻仿真元件　　　　图 7-2-3　常用的电容仿真元件

（3）二极管。可用于仿真的二极管有多种，常用的二极管仿真器件如图 7-2-4 所示。

（4）三极管、场效应管。基本原理图库中或其他生产商的*BJT.INTLIB 原理图库中有多种可以用于仿真的三极管、场效应管。常用的三极管、场效应管仿真器件如图 7-2-5 所示。

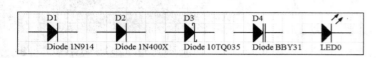

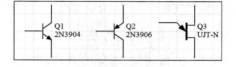

图 7-2-4　常用的二极管仿真器件　　　图 7-2-5　常用的三极管、场效应管仿真器件

更多类型的仿真元器件，如电感、晶振、变压器、集成电路等，读者可以在基本原理图库或其他原理图库中查看。

任务一　电路原理图设计

做中学

（1）打开"Projects"面板中的"zldl.SCHDOC"文件。

（2）打开基本原理图库，放置二极管仿真器件、电阻仿真元件，分别绘制半波整流滤波电路原理图、桥式整流滤波电路原理图，如图 7-2-6 所示。绘制过程与前文介绍的过程相同，这里不再赘述。

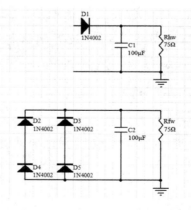

图 7-2-6　半波整流滤波电路原理图、全波整流滤波电路原理图

特别注释

在绘制如图 7-2-6 所示的电路原理图时，注意电容及电阻属性的编辑，其 Value 值应该相等，如 C1 和 C2 的电容相等，为 100μF；Rhw 和 Rfw 的阻值相等，为 75Ω，这样对比仿真结果才有意义。

（3）绘制完两种整流滤波电路原理图后，依次选择"File"→"Save"命令，保存文件。

任务二　电路电源与激励源操作

做中学

（1）启动 Protel，依次选择"File"→"Recent Projects"命令，弹出最近访问的工程文件——"D:\自己的电路设计\整流电路.PRJPCB"，如图 7-2-7 所示。

（2）双击打开"Projects"面板中的"zldl.SCHDOC"文件。

（3）打开"Libraries"面板，选择"Simulation Sources.INTLIB"选项，打开激励源原理图库。在"Libraries"面板中可以看到原理图库中的激励源，如图 7-2-8 所示。

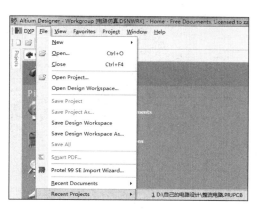
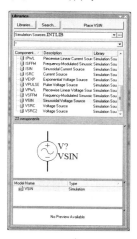

图 7-2-7　打开最近访问的工程文件　　图 7-2-8　打开激励源原理图库

 特别注释

"Simulation Sources.INTLIB"激励源原理图库中常用的激励源及含义详见数字资源库。

（4）单击如图 7-2-8 所示的面板中的 Place VSIN 按钮，将激励源依次放置在半波整流滤波电路原理图、桥式整流滤波电路原理图的正弦波电压激励源信号输入位置，用导线连接，并将它们的序号依次编辑为 VIN1、VIN2、VIN3，如图 7-2-9 所示。

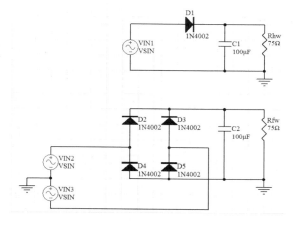

图 7-2-9　添加激励源

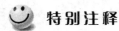

😊 **特别注释**

双击正弦波电压激励源，弹出"Component Properties"对话框，将"Designator"中的"V?"改为"VIN1"。另外两个正弦波电压激励源的设置方法与此相同。

（5）双击 VSIN 激励源，在弹出的"Component Properties"对话框中，双击 Models for V? - VSIN 区域下的"Simulation"类型选项，打开"Sim Model-Voltage Source/Sinusoidal"对话框。

（6）选择"Parameters"选项卡，将"Amplitude"设置为"10"，如图 7-2-10 所示。

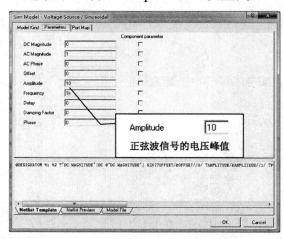

图 7-2-10 "Parameters"选项卡

 特别注释

"Parameters"选项卡中的参数说明如下：

"DC Magnitude"——激励源的直流幅值参数；

"AC Magnitude"——交流小信号幅值；

"AC Phase"——交流小信号相位；

"Offset"——正弦波信号上叠加的直流分量；

"Amplitude"——正弦波信号的电压或电流的峰值；

"Frequency"——正弦波信号频率；

"Delay"——初始时刻的延迟时间；

"Damping Factor"——阻尼因子；

"Phase"——正弦波的初始相位。

（7）设置完如图 7-2-10 所示的"Parameters"选项卡中的参数后，单击"OK"按钮，再单击"OK"按钮，返回电路原理图编辑窗口。

（8）依次选择"Place"→"Net Label"命令或按"P+N"快捷键，鼠标指针变成十字形，进入网络标号放置状态，对照如图 7-1-1 所示的电路原理图，依次放置 VIN1、Vhw、VIN2、VIN3、Vfw，结果如图 7-2-11 所示。

（9）单击"Utilities"工具栏中的"Utility Tools"工具按钮下的"Line"按钮，分两次绘制辅助分析线（用于提示两个整流滤波电路输出端），如图 7-2-12 所示。

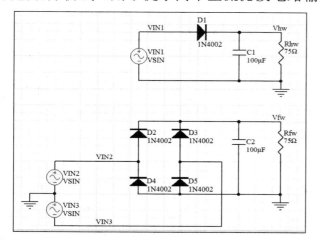

图 7-2-11　放置网络标号

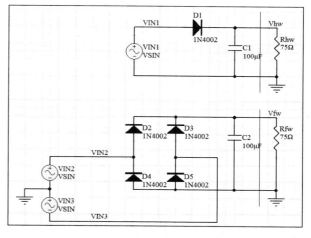

图 7-2-12　绘制辅助分析线

（10）依次选择"File"→"Save"命令，保存文件。

项目三　电路仿真节点设置与直流扫描分析

学习目标

（1）明白添加电路仿真节点的必要性。

（2）掌握直流扫描分析参数设置及对电路仿真节点的信号变化进行测试的方法。

问题导读

半波整流电路及电路工作波形图

《电子技术基础与技能》《电子线路》等相关教材都会介绍如图 7-3-1 所示的半波整流电路及电路工作波形图。

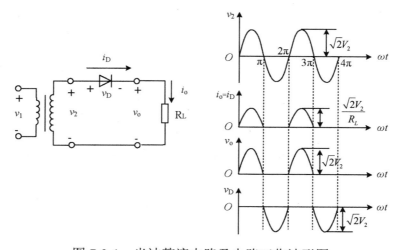

图 7-3-1　半波整流电路及电路工作波形图

知识拓展

放置电路仿真节点与常规设置

1．放置电路仿真节点

在 Protel 中，在分析电路中的各 I/O 点的信息时，通常会在电路上放置网络标号，操作过程与设置方法和前文关于网络标号的添加与设置完全相同。

2．常规设置（General Setup）

依次选择"View"→"Toolbars"→"Mixed Sim"命令，启动仿真工具栏，单击仿真工具栏中的"仿真分析设置"按钮 ，弹出"Analyses Setup"对话框，如图 7-3-2 所示。在该对话框中进行仿真分析的常规设置，其中"Collect Data For"（收集数据为）下拉列表框中有 5 个选项，具体如下。

（1）"Node Voltage and Supply Current"选项：收集节点电压和电源电流。

（2）"Node Voltage,Supply and Device Current"选项：收集节点电压及电源和元器件上的电流。

（3）"Node Voltage,Supply Current,Device Current and Power"选项：收集节点电压，以及电源和元器件上的电流及功率。

（4）"Node Voltage,Supply Current and Subcircuit VARs"选项：收集节点电压、电源电流及子电路上的电压或电流。

（5）"Active Signals"选项：收集并保存在活动信号列表中显示的信号结果。如果要将结果文件最小化，请使用此选项。信号仅限于节点电压和电源电流。

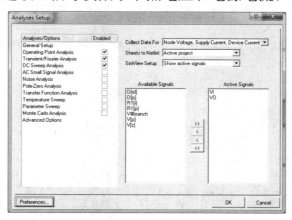

图 7-3-2　"Analyses Setup"对话框

知识链接

继续设置

在如图 7-3-2 所示的"Analyses Setup"对话框中，还有如下参数可以设置。

（1）"Sheets to Netlist"（图纸到网络表）下拉列表：用于选择生成网络表的电路原理图范围。

① "Active sheet"选项：仅对激活状态下的电路原理图有效。

② "Active project"选项：对处于激活状态下的整个工程项目都有效。

（2）"SimView Setup"（仿真显示设置）下拉列表：对信号显示选项进行设置。

① "Keep last setup"选项：保持最近的设置进行仿真。

② "Show active signals"选项：将显示激活信号。

（3）"Available Signals"（可用信号）列表框和"Active Signals"（活动信号）列表框，如图 7-3-3 所示。

① ≫按钮：单击此按钮可以把"Available Signals"列表框内的所有信号移到"Active Signals"列表框内。

② ＞按钮：在左侧"Available Signals"列表框内选择某一个信号后，单击 ＞按钮即可把此信号添加到"Active Signals"列表框内。

③ ＜按钮与 ＞作用相反。

④ ≪按钮与 ≫作用相反。

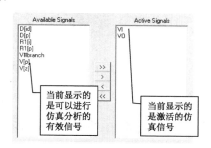

图 7-3-3　设置信号区域

任务一　电路仿真节点设置

做中学

下面先做一个半波整流电路的仿真实验，以使学习过程简明、直观。其他电路仿真实验照此进行。

（1）启动 Protel，依次选择"File"→"New"→"Schematic"命令，新建原理图文件，将该文件命名为"PN.SCHDOC"，保存在"D:\自己电路设计"文件夹中。绘制半波整流电路，并添加正弦波电压激励源等，如图 7-3-4 所示。

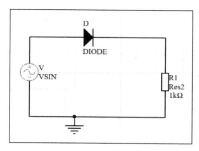

图 7-3-4　半波整流仿真电路

（2）单击"Utilities"工具栏中的 ▾（电源信号源类）按钮，选择"Place Arrow style power port"选项，如图 7-3-5（a）所示；鼠标指针自动拖带"GND"，如图 7-3-5（b）所示，按"Tab"键，弹出如图 7-3-6 所示的对话框。

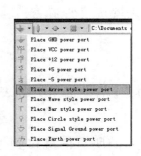 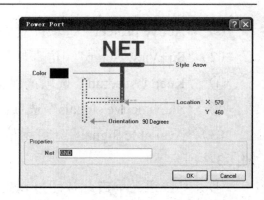

（a）选择"Place Arrow style power port"选项　（b）鼠标指针自动拖带"GND"

图 7-3-5　选择信号源　　　　　　　　　图 7-3-6　"Power Port"对话框

（3）在"Power Port"对话框中，在"Net"文本框中输入"Vi"，如图 7-3-7（a）所示，单击"OK"按钮，可以看到如图 7-3-7（b）所示的鼠标指针样式。

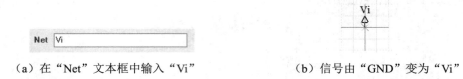

（a）在"Net"文本框中输入"Vi"　　　　　（b）信号由"GND"变为"Vi"

图 7-3-7　设置电路输入端仿真节点

（4）此时，拖动鼠标指针到电路输入端处单击，完成电路输入端仿真节点的绘制。将"Vo"连接到电路输出端，操作步骤同（2）和（3）。电路仿真节点设置完成效果如图 7-3-8 所示。

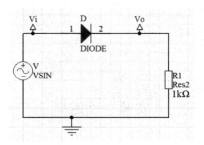

图 7-3-8　电路仿真节点设置完成效果

 特别注释

电路仿真节点设置常使用网络标号法，上文介绍的是另一种电路仿真节点设置方法。

任务二　直流扫描分析

做中学

在如图 7-3-2 所示的"Analyses Setup"对话框中，在左侧的"Analyses/Options"选区内可以进行各种仿真分析类型的设定。本任务设定的分析类型为直流扫描分析（DC Sweep Analysis），主要功能是对电源的电压和电流进行扫描，即当电源的电压或电流发生变化时，测试并输出设置的各仿真节点的电压或电流变化。其他仿真分析类型将在项目四中做详细介绍。

（1）启动 Protel，依次选择"File"→"Open"命令，打开"PN.SCHDOC"文件。

（2）依次选择"Design"→"Simulate"→"Mixed Sim"命令，弹出"Analyses Setup"对话框。

（3）在弹出的"Analyses Setup"对话框中，勾选"DC Sweep Analysis"复选框，其他复选框均不勾选，如图7-3-9所示。

（4）在如图7-3-9所示的对话框中，在右侧的"DC Sweep Analysis Setup"栏中，进行如下设置。

① 将"Primary Source"（主电源）的 Value 值设置为"V"。

② 将"Primary Start"（主电源的扫描起始值）的 Value 值设置为"100.0 m"。

③ 将"Primary Stop"（主电源的扫描终止值）的 Value 值设置为"1.000"。

④ 将"Primary Step"（主电源的扫描步长）的 Value 值设置为"100.0 m"。

⑤ 不勾选"Enable Secondary"（第二电源）复选框。

（5）单击"General Setup"选项，进行如下设置。

① 在"Collect Data For"下拉列表中选择"Node Voltage,Supply Current,Device Current and Power"选项。

② 在"Sheets to Netlist"下拉列表中选择"Active sheet"选项。

③ 在"SimView Setup"下拉列表中选择"Show active signals"选项。

④ 将"Available Signals"列表框中的"VI""VO"选中，单击 ＞ 按钮，将它们添加到"Active Signals"列表框中，如图7-3-10所示。

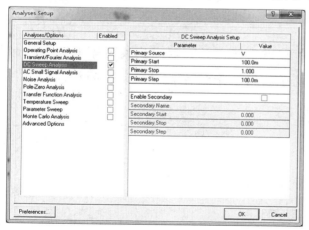

图 7-3-9 勾选"DC Sweep Analysis"复选框

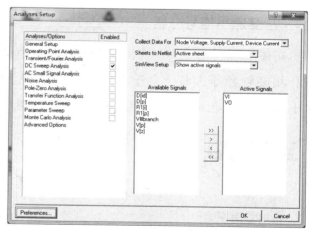

图 7-3-10 设置"General Setup"选项

（6）单击"OK"按钮，完成直流扫描分析，即电路初始电压设置操作。

项目四 电路仿真运行与参数分析操作

学习目标

（1）学会仿真器常用参数的设置方法。

（2）熟练掌握电路瞬态分析、直流扫描分析的方法，并能结合仿真结果进行数据分析。

（3）学会对模拟电路进行仿真分析的操作方法。

问题导读

如何进行电路仿真运行及结果分析

在学习了前面各个项目与任务之后，现在应该如何进行电路仿真运行及结果分析呢？

知识拓展

重点仿真分析类型介绍

1. 静态工作点分析

静态工作点分析（Operating Point Analysis）在《电子技术基础与技能》《电子线路》等相关教材中讲述得很清楚，可是学习起来还是有难度，主要原因是相关内容理论性较强，虽然有计算公式，但不如实际操作易理解。

2. 瞬态分析/傅里叶分析

瞬态分析/傅里叶分析（Transient/Fourier Analysis）是最基本、最常用的仿真分析类型。瞬态分析是时域分析，用于获得电路中的节点电压、支路电流或元器件功率等瞬时值，即被测信号随时间变化的关系，类似于用示波器观察电路I/O信号等波形。

3. 直流扫描分析

直流扫描分析（DC Sweep Analysis）相关内容详见本单元项目三。

4. 交流小信号分析

交流小信号分析（AC Small Signal Analysis）常用于获得放大器、滤波器等电路的幅频特性和相频特性等，与《电子技术基础与技能》《电子线路》等相关教材中讲述的内容一致。交流小信号分析也是一种常用的仿真分析类型。

知识链接

常用仿真分析类型介绍

1. 噪声分析

噪声分析（Noise Analysis）主要用来测量产生噪声的电阻或半导体器件，与交流分析一起进行。

2. 传递函数分析

传递函数分析（Transfer Function Analysis）主要用来计算电路输入阻抗、输出阻抗及直流增益。

3. 温度扫描分析

仿真元器件的参数都假定是常温的，但电路中的元器件的参数是随温度变化而变化的，如半导体器件的性能受温度变化的影响会出现变化。温度扫描分析（Temperature Sweep）用来模拟环境温度变化时电路性能指标的变化情况，这对环境温度有严格要求的电子产品而言是十分重要的。图 7-4-1 所示为深水探测器实物图。

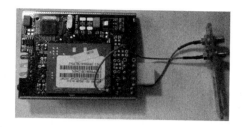

图 7-4-1　深水探测器实物图

在进行瞬态分析、交流小信号分析和直流扫描分析时，启用温度扫描分析可以获得电路中有关性能指标随温度变化的情况。

4. 参数扫描分析

参数扫描分析（Parameter Sweep）用来分析电路中某一元器件参数变化时对电路性能的影响，常用来确定电路中某些关键元器件的精确值。

5. 蒙特卡罗分析

蒙特卡罗分析（Monte Carlo Analysis）使用随机数发生器根据元器件值的概率分布来选择元器件，并对电路进行模拟分析，它常与瞬态分析、交流小信号分析结合使用，用来测算电路性能的统计分布规律、电路成品率、生产成本等。

任务一　整流电路仿真运行

做中学

绘制电路原理图、设置仿真参数、检查电路等操作完成后，就可以对电路进行仿真了。

（1）启动 Protel，依次选择"File"→"Recent Workspaces"→"1 D:\自己电路设计\电路仿真.DSNWRK"选项。

（2）系统自动打开"Projects"面板，双击打开"Projects"面板中的"整流电路.PRJPCB"文件。

☺ 特别注释

在"File"→"Recent Workspaces"菜单的子菜单中有最近保存操作的 9 个工程项目组文件。

当然，也可以不打开"电路仿真.DSNWRK"工程项目组文件，直接打开"D:\自己电路设计"文件夹下的"整流电路.PRJPCB"项目文件。

（3）双击打开"zldl.SCHDOC"文件。

（4）单击仿真工具栏中的 ⃞ 按钮，进入电路仿真运行状态，系统自动打开如图 7-4-2 所示的整流电路的仿真波形输出窗口。

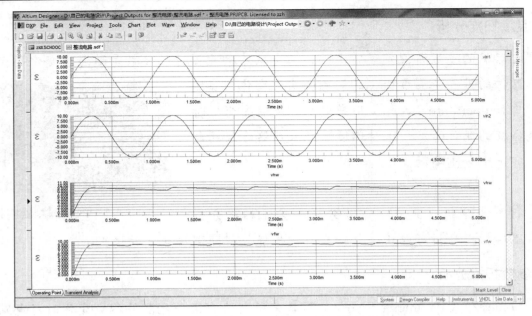

图 7-4-2　整流电路的仿真波形输出窗口

😊 **特别注释**

　　图 7-4-2 所示的整流电路的仿真波形输出窗口未显示全，没有显示 vin3 的输入波形。这个图看上去并不理想，五个 I/O 波形分散，两个整流电路波形前后交叉，显示有些乱。需要将半波整流滤波电路的 I/O 波形合并，同样将桥式整流滤波电路 I/O 波形合并。以下步骤注意图中提示性的黑框。参考数字化资源教学资料包中的相关视频教学内容。

　　（5）选中 vhw 波形图右边的 vhw 网络标号，如图 7-4-3 所示。

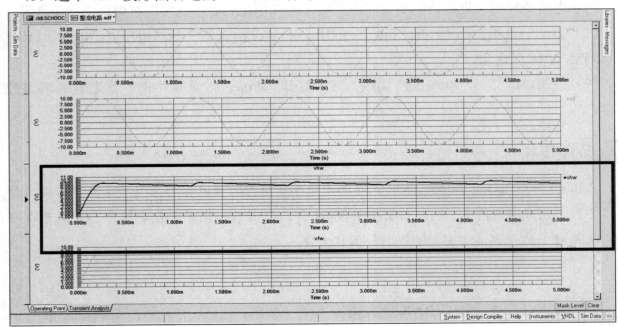

图 7-4-3　选中 vhw 网络标号

　　（6）按住鼠标左键，拖动此波形到 vin1 波形图中。单击窗口右下角的"Clear"标签，如图 7-4-4 所示，完成半波整流滤波电路 I/O 波形合并。

（7）右击原 vhw 波形左侧的边框区，在弹出的快捷菜单中，选择"Delete Plot"命令，如图 7-4-5 所示。

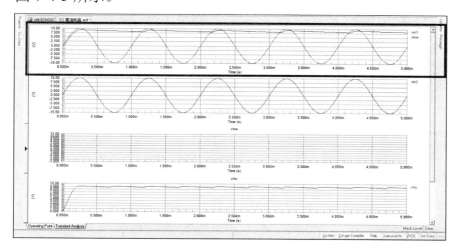

图 7-4-4　半波整流滤波电路 I/O 波形合并图　　　图 7-4-5　选择"Delete Plot"命令

（8）此时，波形自动变成如图 7-4-6 所示的"整流电路.sdf"窗口，vin3 波形显示出来了。

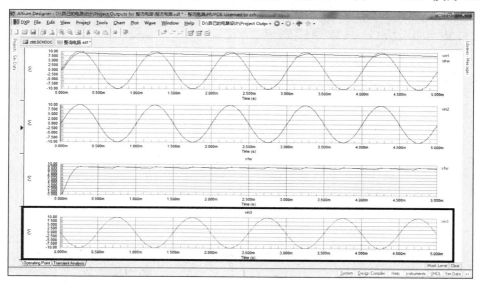

图 7-4-6　"整流电路.sdf"窗口

（9）按照（5）～（8），将 vin2 波形、vin3 波形、vfw 波形合并，也就是将桥式整流滤波电路 I/O 波形合并，结果如图 7-1-2 所示。通过观察波形可以很容易地看出交流电已经变成脉动很小的直流电。

（10）单击"保存"按钮，将生成的"整流电路.sdf"文件保存。

（11）双击打开"Projects"面板中的"PN.SCHDOC"文件。

（12）单击仿真工具栏中的 按钮，进入电路仿真运行状态，系统自动生成如图 7-4-7 所示的"PN.sdf"窗口。

（13）通过观察图 7-4-7 中的波形可分析出：Vi 最终为 1V，经过二极管工作后最终电阻两端的电压为 0.45V，说明此二极管分压为 0.55V，是硅二极管，所以 Vo 是一条变化的曲线，不像输入电压是一条直线。

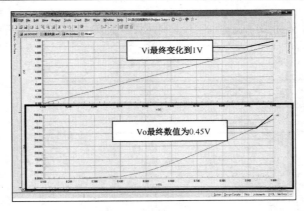

图 7-4-7　"PN.sdf" 窗口

（14）单击常用工具栏中的"保存"按钮，保存"PN.sdf"文件。

任务二　整流电路仿真参数分析

做中学

对"PN.PCBDOC"文件中的电路进行仿真增加瞬态分析，在得到的仿真结果中对波形的具体数据进行进一步分析，具体操作如下。

（1）右击 Vi 对应的波形图，弹出如图 7-4-8 所示的快捷菜单。

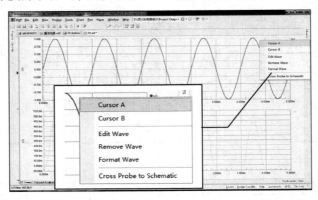

图 7-4-8　右击 Vi 对应的波形图弹出的快捷菜单

（2）快捷菜单中的"Cursor A"选项和"Cursor B"选项用于设置测量轴"a"和测量轴"b"。单击"Cursor A"选项即可得到如图 7-4-9 所示的 Cursor A 坐标，图中的正弦波的原点数值显示在坐标下方。

（3）选中测量轴"a"，拖动它便可以在横轴上进行左右移动，到达第一个周期的负半周顶点时，可得到如图 7-4-10 所示的 Vi 的顶点坐标。

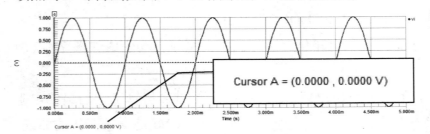

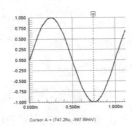

图 7-4-9　Cursor A 坐标　　　　图 7-4-10　Vi 的负半周顶点坐标

特别注释

在如图 7-4-10 所示的坐标中可以读出测量坐标为 Cursor A=（747.26u，-997.99mV），表明时间是 747.26μs，电压是 -997.99mV（约为-1V）。

分析完后，右击测量轴，出现"Cursor Off"提示，单击该提示可将测量轴关闭，如图 7-4-11 所示。

（4）右击 Vo 对应的波形图，出现如图 7-4-8 所示的快捷菜单；之后的操作与（2）和（3）相同，对应的 Cursor A 坐标如图 7-4-12 所示。

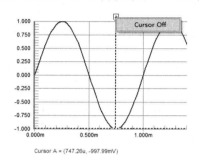

图 7-4-11　"Cursor Off"提示

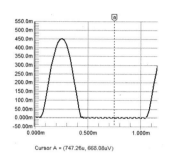

图 7-4-12　Vo 的负半周顶点坐标

特别注释

在如图 7-4-12 所示的坐标中可以读出测量坐标为 Cursor A=（747.26u，668.08uV），表明时间是 747.26μs，电压是 668.08μV（此值可忽略不计），证明此时的二极管处于截止状态。电路参数及设计正确。

分析完后，右击测量轴，出现"Cursor Off"提示，单击该提示可将测量坐标轴关闭。

▶ 技能重点考核内容小结

（1）掌握 Protel 建立仿真操作的一般步骤。
（2）能对常见电路仿真激励源、网络标号节点等的参数进行设置。
（3）掌握进行仿真操作的方法。
（4）能根据整流电路仿真结果进行验证或分析电路设计是否符合设计要求。

▶ 习题与实训

一、填空题

1. 依次选择"File"→"New"→"Design Workspace"命令，新建的工程项目组文件的扩展名为_____。

2. 具有_____属性的元器件可以用于电路仿真。

3．常用的仿真激励源位于系统安装目标驱动器\Altium2004 下的_____文件夹中。

4．选择_____菜单下的"Simulate"→"Mixed Sim"命令，可进行电路仿真。

二、选择题

1．要测试电路电源电压的变化对电路性能的影响，需进行的仿真分析是_____。

　　A．参数扫描分析　　　　　　　　　B．直流扫描分析

　　C．温度扫描分析　　　　　　　　　D．传递函数分析

2．"Simulation Sources.INTLIB"库主要用于往电路中添加_____元器件。

　　A．数学函数模块　　　　　　　　　B．特殊功能模块

　　C．电压源　　　　　　　　　　　　D．激励源

3．在运行"Analyses Setup"对话框时，仿真结果中显示的是_____的信号。

　　A．网络标号的节点　　　　　　　　B．所有电路节点

　　C．可用信号列表区　　　　　　　　D．活动信号列表区

4．正弦波电流激励源英文是_____。

　　A．VSIN　　　　　　B．ISIN　　　　　　C．VULSE　　　　　　D．ISRC

三、判断题

1．Protel 自带的"Altium2004\Library\Simulation"目录下有 5 个原理图库，每个库中包含的元器件都具有仿真属性。　　　　　　　　　　　　　　　　　　（　　）

2．绘制仿真电路原理图的过程与绘制普通电路原理图的过程有根本区别。　　（　　）

四、简答题

1．Protel 电路原理图仿真使用的激励源有哪些？　2．如何在电路中放置电路仿真节点，其作用是什么？

五、实训操作

实训 7.1 单管共发射极分压式负反馈放大电路

1．实训任务

（1）对单管共发射极分压式负反馈放大电路进行静态工作点分析，重点分析基极、发射极、集电极的静态工作电压（或电流），要求输出仿真结果。

（2）将静态工作点仿真结果与用纯理论公式计算结果进行对比，试分析其中误差及造成误差的原因。

2．操作参考

（1）单管共发射极分压式负反馈放大电路原理图如图 7-1 所示。其中输入直流电压为 9V，交流信号为正弦信号。

（2）试仿真运行，获得静态工作点数据。

（3）试仿真运行，获得瞬态分析 I/O 波形。

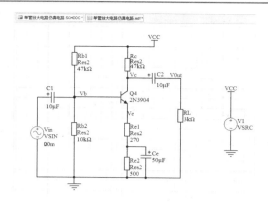

图 7-1　单管共发射极分压式负反馈放大电路原理图

实训 7.2　分析整流滤波电路中的电容数据

1. 实训任务

对整流滤波电路原理图进行瞬态分析，其中输入信号为正弦信号，电压幅值为 10V，频率为 1kHz，显示瞬态分析的 I/O 波形。

操作重点是仿真过程。修改电容的容量（第一次为 10μF，第二次为 470μF），将前后两次输出波形进行对比，其他参数不变，根据仿真波形输出坐标（重点是时间）进行数据统计，以验证时间常数。

2. 操作参考

（1）整流滤波电路原理图如图 7-1-1 所示，注意 C1 的容量与 C2 的容量均为 10μF。试输出瞬态分析的 I/O 波形。

（2）将 C1 和 C2 的电容量变为 470μF，试输出瞬态分析的 I/O 波形。

第七单元实训综合评价表

班级		姓名		PC 号		学生自评成绩	
考核内容		配分		重点评分内容			扣分
1	建立仿真工程项目组文件	10		正确建立*.DSNWRK、*.PRJPCB、*.SCHDOC 文件			
2	库的添加与删除	10		添加与删除库操作正确			
3	绘制电路原理图	15		元器件的添加与属性编辑及连接建立正确			
4	正确添加并设置激励源	15		能够正确添加交/直流电压/电流及脉冲激励源，并进行正确设置			
5	建立电路仿真节点	10		会用网络标号建立网络端口，并正确设置电路工作节点			
6	正确设置仿真分析类型及对话框相关选项	15		在"Analyses Setup"对话框中能正确进行仿真分析类型及仿真节点等设置			
7	能进行符合自己学情的电路分析	5		参照相关教材，建立电路原理图，根据仿真结果分析验证电路设计是否符合设计要求			
8	电路原理图的检查	10		根据"Messages"面板，能处理一般性错误，及时更新、修改			
反馈	能够较好完成的操作有哪些	5		—			
	仿真操作中存在什么问题	5		—			
教师综合评定成绩				教师签字			

第八单元　Altium Designer 23 全新领航

本单元综合教学目标

　　熟识简单易用、功能更为强大、与时俱进并受很多用户信赖的 PCB 设计系统——Altium Designer（以下简称 AD），了解 AD 23 的功能，全面了解 AD 23 提供的统一设计环境，全面熟知其各项主要功能，能在 AD 23 中对多通道电路原理图（第四单元项目二）进行异形 PCB 设计及 3D 封装体设计等。

岗位技能综合职业素质要求

1. 熟悉 AD 23 提供的各项主要功能。
2. 能够在 AD 23 环境下进行电路原理图与 PCB 常规操作。
3. 掌握 AD 23 异形 PCB 设计操作过程与具体操作方法。
4. 能够在 AD 23 环境下进行布局与布线、3D 封装设计等操作。

核心素养与课程思政目标

1. 不断增强 AD 23 设计新技术信息意识，培养计算思维。
2. 增强 AD 23 中的英文识别与软件应用能力。
3. 提高电路软件设计能力，形成信息融合、云端思维方式。
4. 强化电子芯片应用意识，强化技术协同交流意识。
5. 自信自强、守正创新，培养符合社会主义核心价值观的审美标准。
6. 强化技术信息社会责任。
7. 贯彻党的二十大精神，自觉践行社会主义核心价值观。

项目一　AD 23 设计入门

学习目标

（1）了解 AD 23 环境下的 Part Insights Experience 功能，以随时掌握元器件信息。
（2）熟悉 AD 23 关于线束设计改进、电路仿真功能改进等内容。
（3）熟悉 AD 23 各项更新的主要功能。

问题导读

使用 AD 设计 PCB 操作复杂吗

　　AD 提供了统一设计环境，使用户能够使用单一视图全方位查看从电路原理图到 PCB 布局再到设计归档整个 PCB 设计过程。在同一个地方访问所有设计工具，使得工程师可以在相同的直观环境中完成整个设计过程，并快速交付高质量的产品。用创新的 PCB 设计软件从家电产品、汽车电子、航空航天到手机、计算机等产品和医疗设备等改造电子行业，促使 AD 成为设计人员的左膀右臂。利用 AD 设计的计算机主板风扇的 3D 封装体如图 8-1-1 所示。

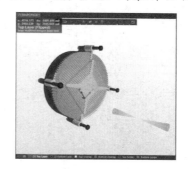

图 8-1-1　用 AD 设计的计算机主板风扇的 3D 封装体

知识拓展

随时可用——Part Insights Experience 功能

Part Insights Experience 功能让用户可以基于数据精准且信息实时同步的元器件供应信息创建设计，无须改变当前工作方式，有利于用户将注意力更多地放在设计上。在设计过程中，用户可以随时掌握元器件信息，实时查询各类元器件，如图 8-1-2 所示。

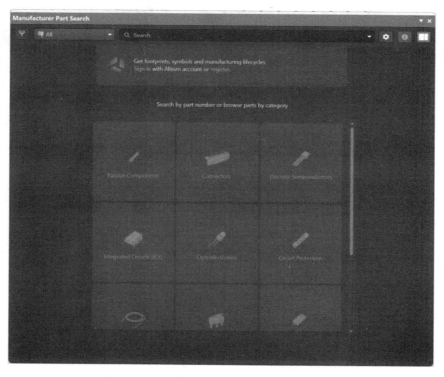

图 8-1-2　查询各类元器件实时信息窗口

知识链接

数据精准

Part Insights Experience 功能可实时、准确地提供可靠的供应信息，有利于用户选择合适的元器件。它通过汇总来自 300 多家分销商和超过 10 亿个元器件的数据，帮助用户精准选择元器件。Part Insights Experience 功能还具有推荐替代选项，可以帮助用户在设计时更自信地做出决定。例如，查询 24C04 芯片的相关界面如图 8-1-3 所示。

图 8-1-3　查询 24C04 芯片的相关界面

Part Insights Experience 功能可以与用户的设计环境无缝融合，拥有较强大的 BOM 工具，在设计过程中能够与 Octopart 和 IHS Markit 等数据库进行集成。用户无须学习新的操作，亦不需要安装新的工具。

任务一　AD 23 新功能简介

读中学

1．AD 23.4 新增改进功能

本部分中的 AD 全新功能是指 AD 23.4.1 版本（发布时间为 2023 年 4 月 14 日）中的改进内容，不仅包括一系列有助于推动现有技术发展和成熟的改进内容，还包括根据客户通过 AltiumLive 社区的 BugCrunch 系统提出的反馈在整个软件中整合的大量修复和强化功能，有利于用户继续创造前沿电子技术。

1）线束设计改进

（1）为线缆/绞线/屏蔽对象添加了固定纵横比。

AD 23.4.1 为了防止出现图形错误陈述，在将线束线缆、绞线和屏蔽等对象放入 Harness

Wiring Diagram（*.WirDoc 文件）时，上述对象将使用固定纵横比。此外，为了避免将这些对象转换为圆点，其最小尺寸将由文件的当前捕捉栅格值来确定。

（2）导线的实时跟踪。

AD 23.4.1 在将导线放入 Wiring Diagram 时，网络线可以实时跟踪/刷新，实时显示连接位置。先前版本仅在导线放置完成后才会进行网络线刷新。实时跟踪/刷新功能有利于更好地了解接线去向。

（3）显示连接点关联部件的 3D 模型。

在 AD 23.4.1 中，可以显示连接点关联部件的 3D 模型。在"Properties"面板的"Connection Point"模式下，选择"Properties"区域中的"Physical Model"选项卡，然后在"Views"选区中的"Associated Part"下拉列表中选择需要关联的部件，生成并在布局图中显示模型，如图 8-1-4 所示。利用"Views"选区中的选项，可以对模型显示进行配置。

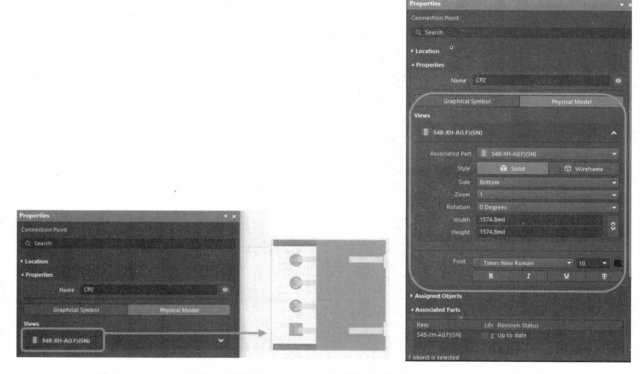

图 8-1-4　CP2 元件对应的"Properties"区域中的"Physical Model"选项卡

（4）连接点选定操作改进。

改进后，在与交束区链接的布局图中单击连接点时，将仅选中连接点而不是整个交束区。

（5）显示 3D 模型的线框视图。

为了更加精确地显示 3D 模型，AD 23.4.1 在"Properties"面板的"Harness Component"模式中添加了新"Style"（模型）控件。用户可以选择将模型显示为线框视图（Wireframe），或显示为不带线的阴影图（Solid）。"Style"控件位于"Properties"面板"Views"选区中。

（6）连接器和连接点图注。

在"Harness Manufacturing Drawing"中，与连接器或连接点关联的图注将显示其关联部件的所有物料清单条目位置编号。

2）电路仿真改进

（1）AD 23.4.1 在"Controlled Sources"和"Variable Passives"的交流分析中增加了对输出值的支持。

添加上述功能后，对于可变无源元器件，AD 同样支持输出电压、功率和电流。

（2）AD 23.4.1 添加了 PSpice Primitives。

AD 23.4.1 添加了对 ROM PSpice 数字基元及其 UROM 时序模型的支持，添加了对多位 A/D 转换器（ADC）PSpice 数字基元及其 UADC 时序模型的支持。

2．AD 23.2/3 新增改进功能

AD 23.2/3 主要更新的各项设计功能如表 8-1-1 所示。

表 8-1-1　AD 23.2/3 主要更新的各项设计功能

项目	功能
原理图输入改进	新增了 ActiveBOM 文件的自动刷新
	在 Variant Manager 中更新了元件参数
	默认禁用 Room Generation
线束设计改进	"Properties"面板"Crimps"选项卡新增了复制和粘贴功能
	添加了重复压接类型
	添加了重置粘贴板上的元器件标号
	更新了"Wiring Diagram"图标，其他物理视图的自由移动
	将"任意角度"作为默认线束放置模式
	在分配已使用的对象时发出警告
	在删除连接点时合并线束，在导线节点处自动生成接头
	显示连接元器件图，支持纯图像注释
	将接头分配给另一个连接点后，将从当前连接点处将其删除
	添加了 Find Similar Objects 功能
	为接线图视图和布局图视图添加了比例属性
数据管理改进	为 Draftsman 和 ActiveBOM 提供工作区端项目参数支持
	编辑项目模板条目的 Item Naming 方案
	改进了零部件选择版本控制
	删除了默认基于文件的库
电路仿真改进	新增了 PSpice 基元
	新增了对全局节点$D_HI, $D_LO, $D_X 的支持
	新增了对可变无源元器件的支持
	添加了"DIGERRDEFAULT"选项
PCB 设计改进	Gerber 设置了层类支持
导入器/导出器改进	在"Layer Stack Manager"中定义的层名称现在为 AutoCAD 导出中使用的名称

3．AD 整体功能

AD 整体功能如表 8-1-2 所示。

表 8-1-2　AD 整体功能

整体功能	功能概述
统一的设计体验	直观的用户界面让创建 PCB 变得毫不费力，从电子产品设计构思到 PCB 制造，为用户电子设计构建每一个细节并连接完成全部过程
统一的数据模型	编译项目以创建一个内聚模型，该模型可作为设计过程的核心。从这个模型可轻松地访问和操作模型中的详细数据（电路原理图、布局、仿真），无须为每个设计元素单独存储数据
ECAD/MCAD 无缝集成的合作	每次设计变更均可在 AD 和 SOLIDWORKS®、PTC Creo® Parametric`、Autodesk Inventor® 或 Autodesk Fusion 360®间保持同步。允许 ECAD 和 MCAD 设计人员在熟悉的环境中工作，且无须进行烦琐的文件交换或手动转换
互联体验——灵活办公，无线互联	Altium 365 是一个前所未见的，集 PCB 设计、MCAD、数据管理和团队协作于一体的电子产品设计平台
与任何人协作	协作者可以通过任何设备的任意浏览器查看设计并提供反馈意见，帮助用户节省审查电子设计的时间
原生 3D——定义每个细节	用户可以在逼真的 3D 设计环境中与机械设计师进行互动和协作
多板装配	了解产品中的不同系统如何在 Native 3D 中组合在一起，并轻松确认适配性和连接性。用户可以在提交原型前，轻松发现并更正板对板之间的适配问题
交互式布线	布线方式包括推挤、滑动、环抱、绕走。可以以任何角度布线和调整延迟走线。按自己的方式走线，比以往更快。交互式布线操作过程显示窗口如图 8-1-5 所示 图 8-1-5　交互式布线操作过程显示窗口

任务二　AD 23 设计环境

AD 的独特之处在于能够支持电子设计的各方面——从设计输入到生成 PCB 输出，包括电子产品开发过程的各方面需要的所有编辑器和软件引擎。借助底层 X2 集成平台，一切均可在统一的软件应用程序中完成。该平台支持所有标准用户界面元素，如菜单和工具栏（又称为资源）。每个编辑器均嵌入本身特定的资源和命令集。AD 可以与支持工具无缝连接，如布线软件或第三方仿真软件。当然可用的确切特性和功能集取决于购买的特定许可证。

AD 环境是完全可定制的，用户可以自行设置习惯的工作方式。不同编辑器采取统一的选择和编辑范例，因此，用户可以在 AD 环境中轻松顺畅地在各项设计任务之间切换。

做中学

（1）启动 AD 23 设计系统软件，如图 8-1-6 所示。

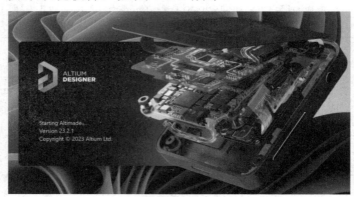

图 8-1-6　AD 23 启动界面

（2）AD 23 整个设计环境如图 8-1-7 所示。

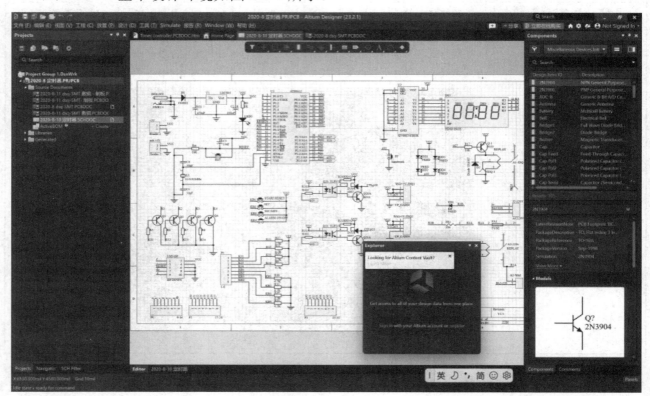

图 8-1-7　AD 23 整个设计环境

（3）AD 23 设计空间的部分主要元素分解如下。

① 打开文件与活动文件。

在 AD 23 中，用户可以随心所欲地打开任意数量的文件，但仅有一个文件是活动文件。活动文件会在设计空间中打开，用户可以对其进行任何必要的更新。所有打开的文件均以选项卡的形式显示在设计空间顶部。当前活动文件的选项卡以中度灰色背景显示；打开且当前未激活的文件以炭灰色/黑色背景显示，如图 8-1-8 所示。

图 8-1-8　"2020-8-10 定时器.SCHDOC"为活动文件

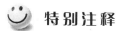 **特别注释**

右击任何文件选项卡可访问命令下拉列表，在快捷菜单中可以关闭该文件，以及与该文件在同一编辑器的所有文件（如所有.PCBDOC 文件、.SCHLIB 文件或.PCBLIB 文件），亦可以关闭所有打开的文件，还可以对文件进行拆分、平铺或合并操作，操作方法与 Protel 中的操作方法类似。

② 优选项设置。

单击设计空间右上角的⚙按钮即可访问不同对话框。"优选项"对话框是一个中央单元，用于在软件的不同功能区域进行全局系统设置。这些优选设置适用于不同项目和相关文件。单击对话框左侧的▶按钮，打开目标区域内的可选项，单击相应标题，即可打开特定优选设置页面，如图 8-1-9 所示。

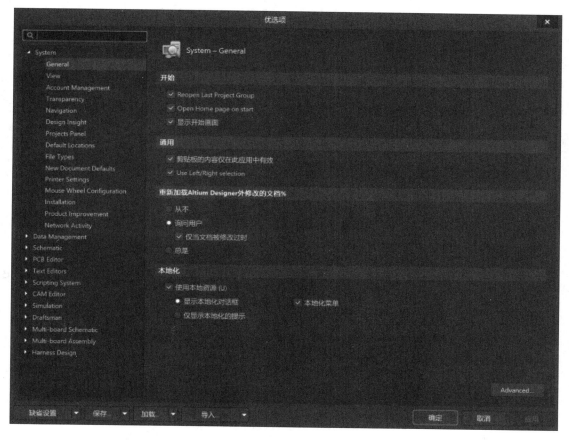

图 8-1-9 "优选项"对话框

③ 面板——Panels。

面板是 AD 环境的基本元素。无论是特定文件编辑器的专用面板，还是更全局的、系统范围的面板，都能提供有助于提高生产力和设计效率的信息和控件。例如，"PCB"面板可按"元器件"或"网络"进行浏览。在首次启动 AD 时，"Projects"面板已经打开并固定/悬停在设计空间左侧。若想打开其他面板，单击设计空间右下方的"Panels"按钮，选择需要的面板即可。每个编辑器都有其特定的面板。面板可在整个设计环境内使用，例如，"Projects"面板可用于打开项目中的任何文件及显示项目层次结构。只有在文件类型为活动文件时，才能显示该文件特定的面板。PCB 编辑状态下的面板和原理图编辑状态下的面板如图 8-1-10 所示。

（a）PCB 编辑状态下的面板　　　　（b）原理图编辑状态下的面板

图 8-1-10　PCB 编辑状态下的面板和原理图编辑状态下的面板

④ 活动编辑栏。

通过活动编辑栏可以快速访问主菜单中显示的常用功能。将鼠标指针悬停在按钮上即可弹出相关说明。使用工具按钮的操作与 Protel 中相同。PCB 编辑状态下的活动编辑栏和原理图编辑状态下的活动编辑栏如图 8-1-11 所示。

（a）PCB 编辑状态下的活动编辑栏　　　　　（b）原理图编辑状态下的活动编辑栏

图 8-1-11　PCB 编辑状态下的活动编辑栏和原理图活动编辑栏

⑤ 主菜单。

通过主菜单可以访问活动文件的命令和功能。每个编辑器有自己的主菜单。PCB 编辑状态下的主菜单和原理图编辑状态下的主菜单如图 8-1-12 所示。

文件 (F)　编辑 (E)　视图 (V)　工程 (C)　放置 (P)　设计 (D)　工具 (T)　布线 (U)　报告 (R)　Window (W)　帮助 (H)

（a）PCB 编辑状态下的主菜单

文件 (F)　编辑 (E)　视图 (V)　工程 (C)　放置 (P)　设计 (D)　工具 (T)　Simulate　报告 (R)　Window (W)　帮助 (H)

（b）原理图编辑状态下的主菜单

图 8-1-12　PCB 编辑状态下的主菜单和原理图编辑状态下的主菜单

⑥ 快速访问栏。

快速访问栏位于设计空间的左上方，用于快速执行常用功能。

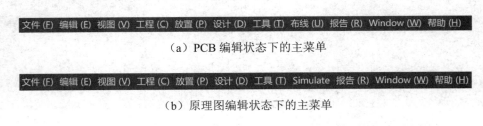——用于退出和关闭 AD。

——用于保存当前活动文件。

——用于保存已进行更改的所有文件。

——用于访问"打开项目"对话框，用户可以在该对话框中选择要打开的项目。

——用于撤销上一个操作。该按钮仅在操作发生后可用。

——用于重做上一个操作。该按钮仅在撤销操作已执行后可用。

⑦ 状态栏。

状态栏用于显示摘要信息，例如，X:-5mm Y:-18.8mm Grid: 0.1mm Hotspot Snap 显示的信息是鼠标指针所处位置的坐标、命令提示和图层。从主菜单中依次选择"查看"→"状态栏"命令即可切换状态栏的显示状态。

⑧ 平视显示。

平视显示用于提供有关 PCB 工作区中当前鼠标指针所指对象的实时反馈，如图 8-1-13 所示。从主菜单中依次选择"查看"→"板洞察"→"切换平视显示"命令，启动平视显示，或者使用"Shift+H"快捷键来切换显示。用户可以在"优选设置"对话框的"PCB 编辑器"→"板洞察模式"界面自定义平视显示信息，包括背景颜色、字体和字体颜色。

x: 18.288　dx:1290.574 mm
y:100.457　dy:1327.150 mm
Top Layer
Snap: 0.127mm Hotspot Snap: 0.127mm

图 8-1-13　对对象的实时反馈

⑨ 项目和文件。

所有与项目相关的数据均存储在文件中，该文件又称文档。打开的文件会成为 AD 主设计窗口中的活动文件。可同时打开多个文档。每个打开文件的选项卡都会出现在设计窗口的顶部。

项目二　爱心彩灯 PCB 及芯片 3D 封装库设计

学习目标

（1）会运用绘制工具设计异形 PCB，掌握其操作步骤。
（2）能独立进行芯片的 3D 封装体设计。

问题导读

PC 主板 3D 展示效果够震撼吗

第六单元展示过一款计算机主板实物图，其主板平面一般采用的是四层PCB或六层PCB，这里展示的是利用 AD 设计的计算机主板的 3D 效果图，如图 8-2-1 所示。

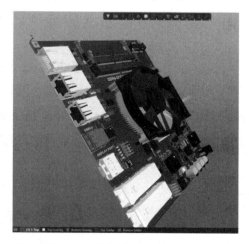

图 8-2-1　AD 设计的计算机主板的 3D 效果图

AD 进行 PCB 设计的全新领航技术

设计 PCB，AD 全新领航技术主要包括如下几方面。

（1）电路原理图输入：借助各种连线工具、设计验证、透明的网络表创建和变体管理，快速把控用户的设计意图。

（2）分层设计和多通道设计：通过在上、下层级间，网络和元器件间实现直观导航，轻松设计高级电子产品。

（3）统一库管理：通过将原理图符号、PCB 封装、生命周期状态及供应链规划集合于一体的智能平台，帮助用户在设计时选择更合适的元器件。

（4）混合仿真：在开始制造前，借助先进的 Spice 引擎进行快速、准确的仿真，以探索不同的设计构思。

（5）PCB 布局：通过直观的 PCB 规划技术有效地探索最佳布局。Native 3D 支持、层堆栈管理，以及包括蚀刻系数和表面粗糙度模型在内的高端控件，使用户能够在单一设计空间内拥有各项所需功能。

（6）刚柔结合和多板：使用产品级布线、匹配和 Native 3D，快速为多板设置验证连接性并设计柔性电路。对柔性区和弯折线的明确定义使人们能够轻松验证刚柔结合设计的适配性。

（7）交互式布线：借助高性能引擎，用户可以按任意角度通过推挤、滑动、环抱、绕走来调整延迟走线。

（8）高速与高密度设计：通过强大的调节引擎，以专业的方式设计高速电子产品，包括高级模式支持、用于精确传播延迟的 EM 解算器、阻抗提取和 Easy HDI（High Density Interconnection，高密度电路板）结构集成等。

（9）MCAD 协作：通过 AD 和 MCAD 工具之间的双向数据传输，用户可以轻松与机械设计人员实现合作，支持行业领先的 MCAD 套件。

（10）数据管理：将用户的团队和设计数据与一个集中平台相连，以便访问。可扩展平台可以满足成长型公司的需求，包括关于设计工作区、项目生命周期和发布管理及团队合作需求。

（11）制造输出：为制造商可能需要的每份文件提供支持，确保用户的设计已准备就绪，可以投产。借助内置的 CAM 编辑器，用户可以生成 ODB++、IPC-2581 和 Gerber X2 文件。

（12）装配图：使用 Draftsman 创建用户的 PCB 和元器件的详细加工视图。类似于 MCAD 的尺寸标注和智能报告使设计人员可以轻松交流设计意图。

知识链接

AD 中的线束设计

创建线束设计项目（*.PrjHar）支持以下文件。

（1）Harness Wiring Diagram（*.WirDoc）——放置单独的导线和线缆，以在线束内部创

建需要的物理连接。

（2）Harness Layout Drawing（*.LdrDoc）——排列导线和线缆以表示线束的物理结构。

（3）ActiveBOM（*.BomDoc）——包含以下实体。

- 连接器及其关联部件。
- 接头关联部件。
- 连接点关联部件。
- 压接。
- 布局标签。
- 导线、线缆及其长度值。

（4）Draftsman Document（*.HarDwf）——将接线图、布局图和物料清单的只读视图导入其中，并添加线束制造需要的任何其他信息。

图 8-2-2 所示为应用在汽车、计算机等电子产品上的线束实物图。

教学微课

图 8-2-2　应用在汽车、计算机等电子产品上的线束实物图

任务一　爱心彩灯 PCB 设计

本任务的核心是将第四单元中的爱心彩灯单片机电路进一步设计成爱心彩灯 PCB。本任务在 AD 环境中设计制作并通过实物验证。

做中学

（1）启动 AD，依次选择"文件"→"打开"（或"打开工程"）命令，打开"Choose Document to Open"对话框，选择第四单元建立的"32LEDS heart.PRJPCB"工程文件，如图 8-2-3 所示。

图 8-2-3　"Choose Document to Open"对话框

（2）单击"打开"按钮，打开"32LEDS heart.SCHDOC"文件，如图 8-2-4 所示。

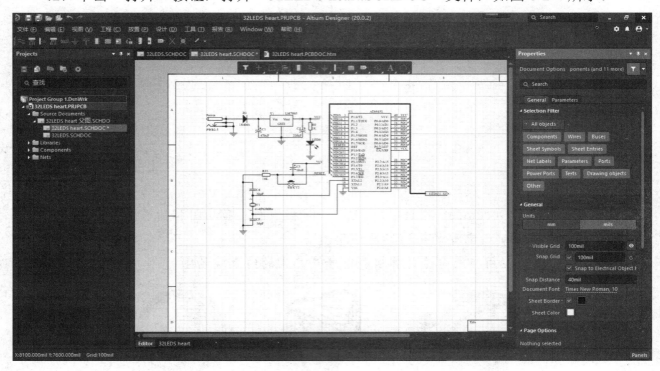

图 8-2-4   打开"32LEDS heart.SCHDOC"文件

（3）双击"AT89S52"芯片，打开对应属性面板，如图 8-2-5 所示，查看其封装，认真核对。注意，其他关键元器件的相关操作与此相同。

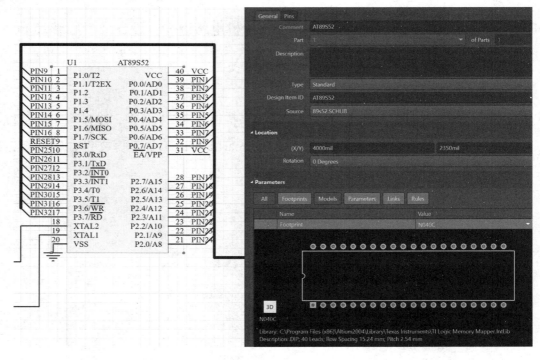

图 8-2-5   "AT89S52"芯片属性面板

（4）新建 PCB 文件。依次选择"文件"→"新的"→"PCB"命令，完成新建 PCB 文件操作，默认文件名为"PCB1.PcbDoc"，操作过程如图 8-2-6 所示。

（5）重置 PCB 原点坐标。依次选择"编辑"→"原点"→"设置"命令，鼠标指针变为绿色十字形，如图 8-2-7 所示（本教材黑白印刷，无法区分显示颜色）。

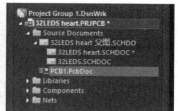

图 8-2-6　新建 PCB 文件过程

图 8-2-7　设置 PCB 原点坐标操作过程

（6）转换单位。依次选择"视图"→"切换单位"命令，将系统默认单位"mil"改为"mm"。依据个人习惯，可以不执行此步。

（7）确认为双层 PCB。操作过程与第五单元中的相关操作相同，此处不再赘述，相关对话框如图 8-2-8 所示。采用系统默认设置，此步可跳过。

图 8-2-8　"PCB 规则及约束编辑器"对话框

（8）设置心形 PCB 尺寸为 100mm×86mm，主要是作为进行 PCB 心形绘制时的参数。单击"Mechanical 1"标签，操作过程与第五单元中的相关操作相同，此处不再赘述。绘制完成效果如图 8-2-9 所示。

（9）单击"Keep-Out Layer"标签，绘制心形弧线与直线（注意：这里省略为心形的机械层 1 绘制）。单击 PCB 绘制工具栏中的 ■ 按钮，进行两个相交圆弧的绘制。这里将圆半径定义为 26mm（用户可以自定义），在机械层 1 的 100mm×86mm 区域中，右击，在弹出的快捷菜单中依次选择"放置"→"圆弧"→"圆弧（中心）"命令，如图 8-2-10（a）所示，鼠标指针变为绿色十字形，在任意位置单击确定圆心，再次单击确定半径（适度距离），继续单击确定起点，拖动鼠标指针，最后单击确定终点，操作结果如图 8-2-10（b）所示。双击圆弧，打开其属性面板，参数设置如图 8-2-10（c）所示。单击并拖动设置好参数的圆弧，将其放到左上角合理位置，结果如图 8-2-10（d）所示。

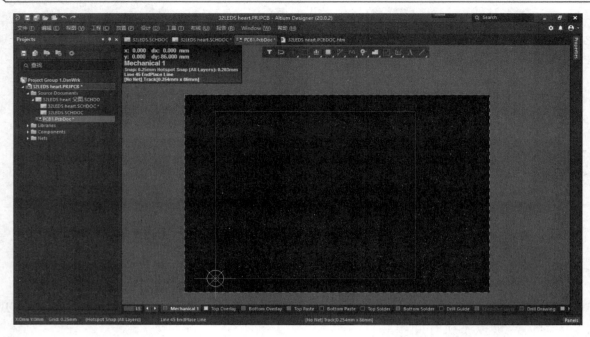

图 8-2-9　尺寸为 100mm×86mm 的 PCB 绘制完成效果

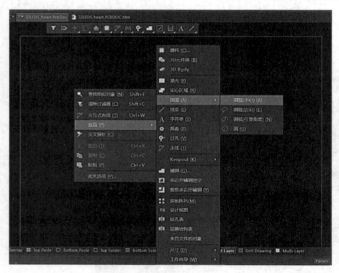

（a）选择"放置"→"圆弧"→"圆弧（中心）"命令

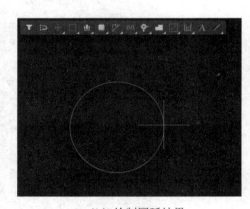

（b）绘制圆弧结果

（c）圆弧属性面板设置结果

（d）放置好参数的圆弧效果

图 8-2-10　左上角圆弧绘制过程图

（10）操作同（9），绘制右上角圆弧并将其放置在对称的合理位置上，效果如图 8-2-11 所示。继续绘制心形的下半部分（直线），终点取水平 50mm 处。单击 PCB 绘制工具栏中的 ▇ 按钮，单击确定起点（50mm 处），此时按"Space"键，将线型改为直线，将直线拖动到与圆弧相交处单击，右击结束直线绘制，效果如图 8-2-12 所示。同理绘制右侧直线。心形禁止布线层初步绘制完成效果如图 8-2-13 所示。

图 8-2-11　右上角圆弧完成效果

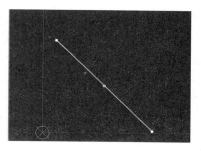

图 8-2-12　直线绘制效果

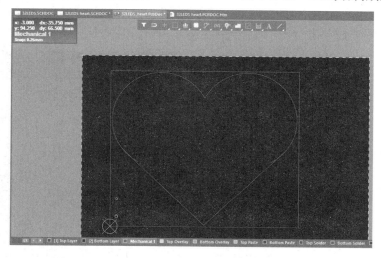

图 8-2-13　心形禁止布线层初步绘制完成效果

（11）修理圆弧与直线交点，主要操作是拖动线端点。进行交点处理使弧线与直线相交在最合理一点，过渡自然，操作过程如图 8-2-14 所示。

（a）心尖上两圆弧相交处理

（b）左侧圆弧与直线未处理效果

（c）右侧圆弧与直线未处理效果

（d）左侧圆弧与直线处理效果

（e）右侧圆弧与直线处理效果

图 8-2-14　圆弧与直线相交处理

（12）修理相关圆弧与直线交点后的心形 PCB 效果如图 8-2-15 所示。注意：通过"优选项"对话框中的"PCB Editer"选项，设置"Layer Colors"选区中的"Board Area Color"选项修改背景颜色。

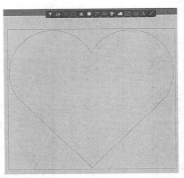

图 8-2-15　修理相关圆弧与直线交点后的心形 PCB 效果

（13）进行 PCB 设计更新、布局、布线等操作，与第五、六单元相关操作相同。这里仅给出操作过程中的相应对话框或窗口，核心操作过程如图 8-2-16 所示（注意分图题）。

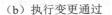

（a）PCB 更新

（b）执行变更通过

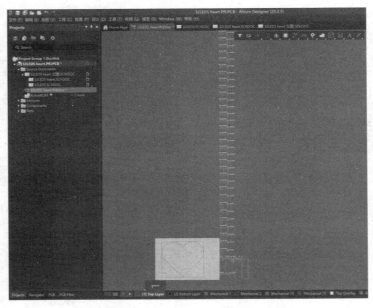

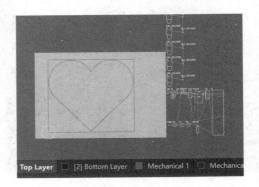

（c）整个元器件导入 PCB 编辑器窗口（版本 AD 23）效果图

（d）删除全部 ROOM 效果图

图 8-2-16　进行 PCB 设计更新、布局、布线等核心操作结果

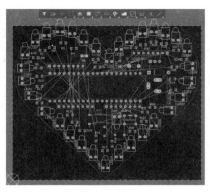

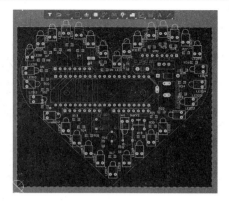

（e）爱心彩灯 PCB 元器件布局最终效果图（飞线）　　　（f）爱心彩灯 PCB 元器件布线最终效果图

图 8-2-16　进行 PCB 设计更新、布局、布线等核心操作结果（续）

（14）进行 PCB 覆铜，操作与第六单元相关操作相同，这里仅给出覆铜效果，如图 8-2-17 所示。

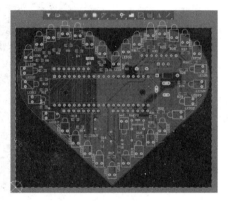

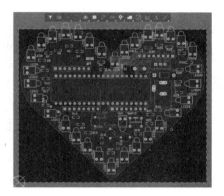

（a）顶层覆铜效果　　　　　　　　　　（b）底层覆铜效果

图 8-2-17　爱心形 PCB 覆铜设计效果

（15）爱心彩灯 PCB 实物图，如图 8-2-18 所示。

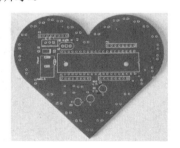

（a）正面　　　　　　　　　　　　（b）反面

（c）元器件焊接完成　　　　　（d）点亮爱心彩灯（加载完程序）

图 8-2-18　爱心彩灯 PCB 实物图

任务二　芯片 3D 封装库设计

本任务是在 AD 23 版本中手工创建 AT89S52 芯片的 3D 封装体。通常利用封装库编辑器中的绘制工具，结合基本绘制工具就可以创建较逼真的 3D 机械形状体。

做中学

（1）启动 AD 23，依次选择"文件"→"打开"（或"打开工程"）命令，打开"Choose Document to Open"对话框，选择第四单元建立的"32LEDS heart.PRJPCB"工程文件，如图 8-2-3 所示。

（2）单击"打开"按钮，依次单击 PCB 顶层和底层覆铜（正面、反面），分别将其删除，操作结果如图 8-2-16 所示。

（3）按快捷键"3"，进行爱心彩灯 PCB 的 3D 仿真显示，效果如图 8-2-19 所示。

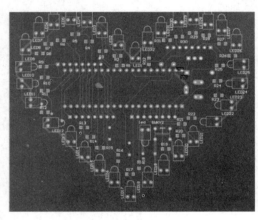 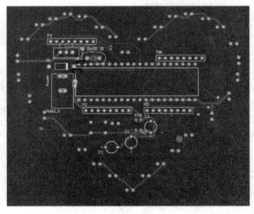

（a）正面　　　　　　　　　　　　（b）反面

图 8-2-19　爱心彩灯 PCB 3D 仿真显示效果图

（4）由图 8-2-19 可以看出，元器件没有 3D 封装体，接下来创建在第五单元创建的 AT89S52 DIP-40 引脚的封装库的 3D 封装体，主要参数：高度（厚度）为 100mil，封装体长度为 1990mil，宽度为 660mil。依次选择"文件"→"打开"命令，弹出"打开"对话框，选择目标文件夹（如："D:\自己的电路设计"）下的"AT89S52.PCBLIB"文件，单击"打开"按钮，如图 8-2-20 所示。

（5）按快捷键"G"将捕捉栅格设置为 20mil，以便进行操作设计，如图 8-2-21 所示。

图 8-2-20　打开"AT89S52.PCBLIB"文件　　　图 8-2-21　设置捕捉栅格为 20mil

（6）绘制 3D 封装体。依次选择"放置"→"3D 元件体"命令，如图 8-2-22 所示。关键操作是利用封装库编辑器工具"线条"按钮。先单击"Mechanical 1"标签，然后单击确定芯片左下角（PIN20）目标位置，拖动鼠标指针至右下角（相对位移为 660mil）单击，拖动鼠标指针至右上角（相对位移为 1990mil）单击，拖动鼠标指针至左上角（相对位移为 660mil）单击，绘制过程及绘制结果如图 8-2-23 所示。

（a）封装体绘制过程　　（b）封装体绘制结果

图 8-2-22　放置 3D 元件体菜单　　　　图 8-2-23　封装体绘制过程及绘制结果

（7）同理，绘制 AT89S52 芯片的 1 引脚位置的标志位，这里绘制一个指向该引脚的白色三角图形，尺寸及位置自定，注意高度为 100mil，效果如图 8-2-24 所示。

（8）双击 AT89S52 芯片 1 引脚位置的标志位，打开其属性面板，将"Overall Height"设置为"100mil"，将"Override Color"设置为"白色"，如图 8-2-25 所示。

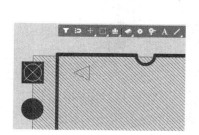

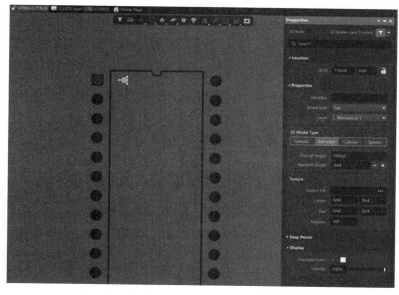

图 8-2-24　三角标志位效果　　　　　　图 8-2-25　标志位属性面板

（9）双击 AT89S52 芯片封装区域，打开"3D body"模式的"Properties"面板，参数如图 8-2-26 所示。

（10）单击当前窗口右下角的"Panels"按钮，弹出如图 8-2-27 所示菜单，单击 选项，打开其面板窗口，将 General Settings 选项下的"3D"选项设置为"ON"，如图 8-2-28 所示。

图 8-2-26　3D body 属性面板　　　图 8-2-27 单击"Panels"按钮　　　图 8-2-28 将"3D"选项设为"ON"

（11）当前编辑的 AT89S52 DIP-40 引脚的封装库显示为 3D 形式（正面），如图 8-2-29 所示，按住"Shift"键的同时右击，可进行旋转操作；按住"Shift"键的同时滚动鼠标中间的滚轮，可进行水平移动等操作，旋转效果如图 8-2-30 所示。

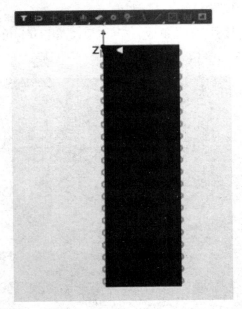

图 8-2-29　AT89S52 DIP-40　　　　　图 8-2-30　AT89S52 DIP-40 引脚的
引脚的封装库 3D 正面效果图　　　　　　封装库 3D 旋转效果图

（12）单击主编辑窗口"32LEDS heart.PCBDOC"文件选项卡[第（2）步已经打开]或双击"Projects"面板中的"32LEDS heart.PCBDOC"文件。双击 AT89S52 芯片，打开其属性面板，如图 8-2-31 所示。"Footprint"选区中的"Library"选项为第四单元提及的"TI Logic Memory Mapper.INTLIB"库，这里需要将其修改为新建立的"AT89S52.PCBLIB"（带 3D 封装体）封装库文件。

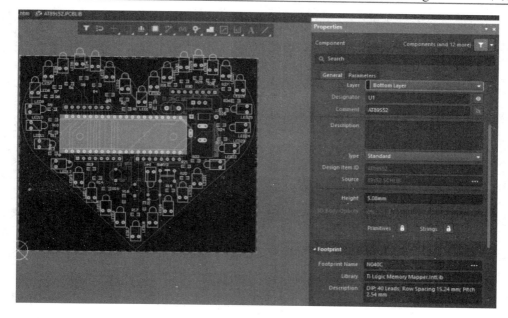

图 8-2-31　AT89S52 芯片属性面板窗口

（13）单击"Footprint"选区中 Footprint Name N040C ··· 后的"…"按钮，打开"浏览库"对话框，单击"库"下拉列表后的"…"按钮进行"AT89S52.PCBLIB"封装库文件的添加。操作过程与前面单元相关项目任务库添加操作过程相同，结果如图 8-2-32 所示，单击"关闭"按钮。

图 8-2-32　添加"AT89S52.PCBLIB"封装库文件

（14）在"浏览库"对话框中的"库"下拉列表中选择"AT89S52.PCBLIB"封装库文件，然后单击"确定"按钮，如图 8-2-33 所示，返回如图 8-2-34 所示的封装库编辑窗口。

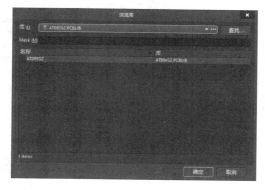

图 8-2-33　选择"AT89S52.PCBLIB"封装库文件

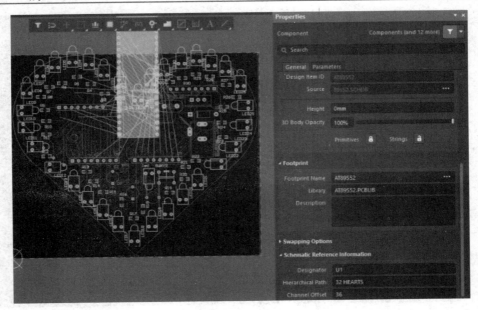

图 8-2-34　AT89S52 DIP-40 引脚用的封装库编辑窗口

（15）利用 AD PCB 设计的高效互更新功能。可以通过"设计"主菜单下的更新菜单选项，完成由封装库到原理图库的更新。反之，由原理图库修改 AT89S52 DIP-40 引脚用的封装库也可以，对应主窗口操作中的"Properties"面板如图 8-2-35 所示。

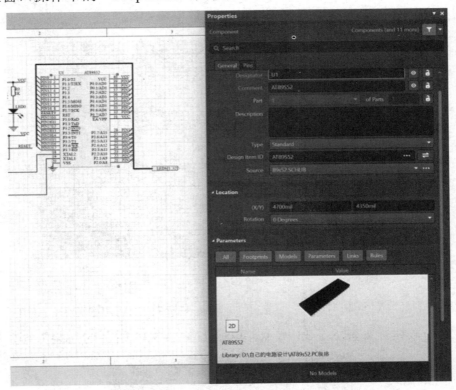

图 8-2-35　由原理图库修改封装库对应的"Properties"面板

（16）重新对 AT89S52 芯片进行布局、布线和覆铜操作，操作方法与第五、六单元中的相关操作相同，此处不再赘述。

（17）此时，按快捷键"3"或依次选择"视图"→"切换到 3 维模式"选项，显示带 3D 封装体设计的 AT89S52 芯片。爱心彩灯 PCB 3D 背面图、旋转效果图如图 8-2-36 所示。

关于爱心彩灯相关元器件更多、更漂亮的 3D 设计，由读者们自行设计完成。

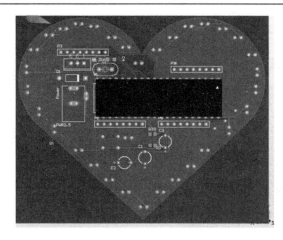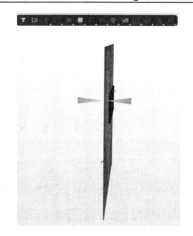

图 8-2-36   爱心彩灯 PCB 3D 背面图、旋转效果图

▶ 技能重点考核内容小结

（1）熟悉 AD 从设计到制造的单一直观界面。

（2）熟练掌握在 AD 环境下进行 PCB 设计时的布局、布线操作环境及相关操作设置。

（3）能进行芯片 3D 封装体的绘制及封装库相关操作。

▶ 习题与实训

一、填空题

1．AD 23.4.1 中为了防止出现图形错误陈述，当将线束线缆、绞线和屏蔽等对象放入 Harness Wiring Diagram（*.WirDoc 文件）时，上述对象将使用_____。

2．为了更加精确地显示 3D 模型，在"Properties"面板的"Harness Component"模式中添加了_____控件。

3．AD 23.4 中添加了对_____PSpice 数字基元及其 UROM 时序模型的支持。

二、选择题

1．"Projects"面板中默认出现的封装库文件扩展名为_____。

　　A．SCHLIB　　　　B．PRJLIB　　　　C．PCBDOC　　　　D．PCBLIB

2．利用_____下的菜单项，可以进行各种系统面板的精确切换。

　　A．"Design"　　　B．"Project"　　　C．"Panels"　　　D．"Tools"

3．单击快捷键_____将捕捉栅格设置为一个合适的数值，以易于使用。

　　A．"D"　　　　　B．"R"　　　　　C．"P"　　　　　D．"G"

三、判断题

1．AD 可以借助各种连线工具、设计验证、透明的网络表创建和变体管理，快速把控用户的电路原理图设计意图。　　　　　　　　　　　　　　　　　　　　　　　　（　　　）

2．重置 PCB 原点坐标的操作过程是依次选择"编辑"→"设置"→"原点"命令。
　　　　　　　　　　　　　　　　　　　　　　　　　　　　　　　　　　（　　　）

3．学习 AD 可以提高电子 CAD 设计能力，形成信息融合、云端思维方式。　（　　　）

四、简答题

"快速访问"栏位于设计软件窗口的左上方，主要用于快速执行哪些功能？

五、实训操作

实训 8.1 六晶体管收音机电路原理图设计

实训任务

（1）建立六晶体管收音机电路原理图文件，参考设计如图 8-1 所示。

（2）建立生成自己的常用原理图库。

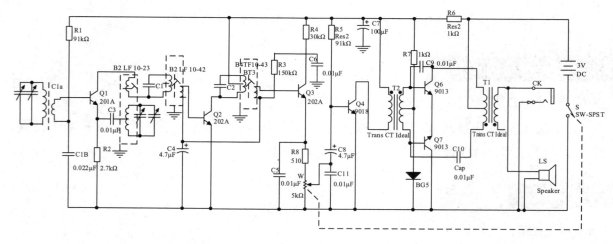

图 8-1 六晶体管半导体电路原理图

实训 8.2 DDR4 内存插槽设计

实训任务

（1）设计如图 8-2 所示的 DDR4 内存插槽电路原理图。

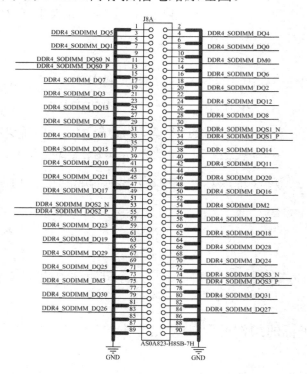

图 8-2 DDR4 内存插槽电路原理图设计

（2）添加引脚网络标号。

实训 8.3　USB3.0 电路原理图及 1602 液晶模块 3D 设计

1．操作内容与要求

（1）创建设计项目文件和原理图文件，将项目文件命名为"USB 3.0.PRJPCB"，将原理图文件命名为"USB 3.0.SCHDOC"。

（2）电路原理图采用 A4 图纸，并将绘图者姓名和"印刷电路板 USB 3.0 电路原理图"放入标题栏相应位置。

（3）自制电路原理图元器件，文件名为"FT601Q.SCHLIB"，snap=10，元器件引脚图如图 8-3 所示，将元器件命名为"FT601Q"。

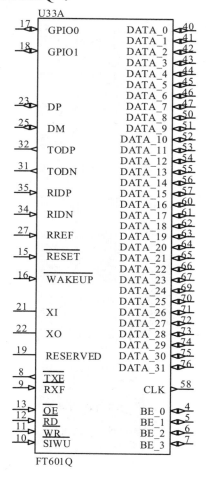

图 8-3　FT601Q 引脚图

（4）设计符合要求的电路原理图，如图 8-4 所示。

（5）创建网络表文件。

（6）创建材料清单，并放入考生文件夹。

（7）各元器件封装如下。

电容及电阻：AXIAL-0.5 。

ASE2-33.0MHz：DIP-4 。

其他元件采用系统默认封装。

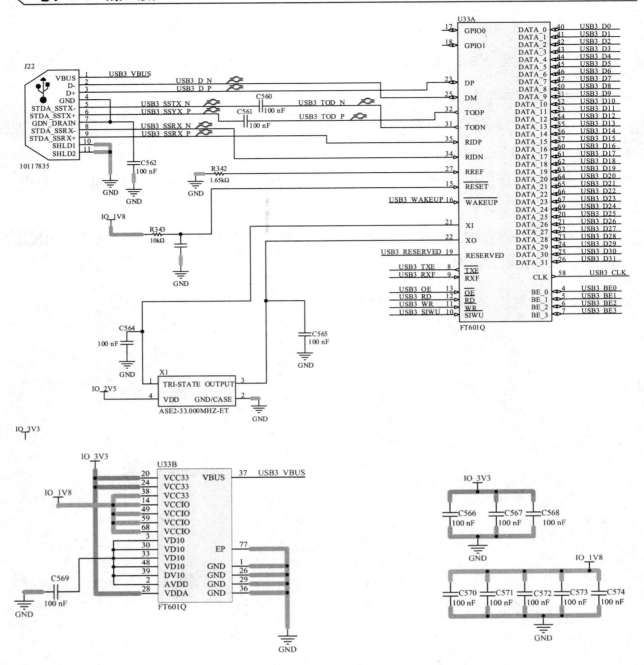

图 8-4　USB 3.0 电路原理图

2. 1602 液晶模块 3D 设计

试完成 1602 液晶模块 3D 封装库设计，尺寸参数如图 8-5 所示，3D 设计效果如图 8-6 所示，文件名为"1602 液晶 3D 设计.PCBLIB"。

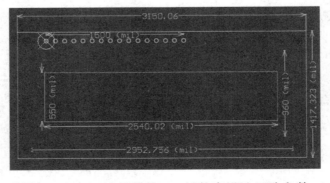

图 8-5　1602 液晶模块 3D 封装库设计尺寸参数

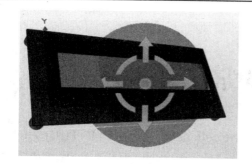 

图 8-6　1602 液晶模块 3D 设计效果

第八单元　实训综合评价表

班级			姓名		PC 号		学生自评成绩	
考核内容			配分		重点评分内容			扣分
1	新建项目文件		10		Folder C:\Users\Public\Documents\Altium\ ... 会进行指定文件夹下的设置与保存操作			
2	新建原理图文件并进行基本参数设置		5		熟练进行捕捉栅格、可视栅格、电气栅格等设置操作			
3	添加元器件并进行常规编辑操作		10		完全掌握旋转、复制、移动、粘贴等操作			
4	创建原理图库符号		5		使用绘制工具创建原理图库，如引脚、电气规则等相关具体参数设置			
5	原理图库的添加		5		添加原理图库操作准确			
6	放置线、网络标签、总线、总线入口等		10		参照电路原理图，熟练掌握放置线、网络标签、总线、总线入口等操作，正确添加网络端口，并正确设置端口属性			
7	电路原理图的检查		5		能处理一般性的错误，及时修改更新			
8	手工规划 PCB		5		根据 PCB 结构尺寸画出边框			
9	PCB 规则参数设置		5		进行线宽、线距、层定义、过孔、全局参数的设置等			
10	设置 PCB 工作层面，了解层叠管理器		5		(层叠管理器界面)			
11	新建 PCB 文件并进行基本参数设置		5		熟练进行捕捉栅格、可视栅格、电气栅格等设置操作			
12	元器件交互式布局与自动布线编辑操作		10		正确对元器件进行交互式布局和自动布线			
13	PCB 绘图工具栏相关按钮的使用		5		正确放置字符串、排列元件、移动对象等			
14	生成 PCB 材料清单、PCB 项目报告等		5		报告 (R) Window (W) 帮助 (H) Bill of Materials 项目报告 (R) ▶ Bill of Materials 会生成 BOM、PCB 项目报告等相关格式的文件			
反馈	绘制原理图、进行 PCB 布局有哪些心得		5		—			
	操作存在什么问题		5					
教师综合评定成绩					教师签字			

附录 A AD 23 常用原理图库

AD 23 为用户提供了两大基本原理图库——Miscellaneous Devices.INTLIB 和 Miscellaneous Connectors.INTLIB。Miscellaneous Devices.INTLIB 中的部分常用库元器件图形符号、PCB 封装及仿真属性如表 A-1 所示。

表 A-1 Miscellaneous Devices.INTLIB 中的部分常用库元器件图形符号、PCB 封装及仿真属性

库元器件名	图形符号	封装名称	PCB 封装	仿真属性
2N3904		TO-92A		有
2N3904		TO-92A		有
ADC-8		SOT403-1		有
Antenna		PIN1		无
Battery		BAT-2		无
Bell		PIN2		无
Bridge1		D-38		有
Bridge2		D-46_6A		有
Buzzer		ABSM-1574		无

续表

库元器件名	图形符号	封装名称	PCB 封装	仿真属性
Cap	C? Cap	RAD-0.3		有
Cap Feed	C? Cap Feed	VR4		无
Cap Pol1	C? + Cap Pol1	RB7.6-15		有
Cap Pol2	C? + Cap Pol2	POLAR0.8		有
Cap Pol3	C? + Cap Pol3	C0805		有
Cap Semi	C? Cap Semi	C1206		有
Cap2	C? Cap2	CAPR5-4X5		有
Circuit Breaker	CB? Circuit Breaker	SPST-2		无
D Schottky	D? D Schottky	SMB		有
Diac-NPN	Q? Diac-NPN	TO-262-AA		无
Diac-PNP	Q? Diac-PNP	SOT89		无
Diode	D? Diode 1N914	SMC		有
Diode 10TQ035	D? Diode 10TQ035	TO-220AC		有

续表

续表

库元器件名	图形符号	封装名称	PCB 封装	仿真属性
Diode 11DQ03	Diode 11DQ03	DO-204AL		有
Diode 1N5400	Diode 1N5400	DO-201AD		有
Diode 1N914	Diode 1N914	DO-35		有
Diode BAS16	Diode BAS16	SOT-23_N		有
Dpy 16-Seg	Dpy 16-Seg	HDSP-A2		有
Dpy Amber-CA	Dpy Amber-CA	A		有
Dpy Blue-CA	Dpy Blue-CA	H		有
Dpy Overflow	Dpy Overflow	A-12		有
Fuse 1	Fuse 1	PIN-W2/E2.8		有
IGBT-N	IGBT-N	TO-247		有
IGBT-P	IGBT-P	TO-264-AA		有
Inductor	Inductor	0402-A		有
Inductor Adj	Inductor Adj	AXIAL-0.8		有

续表

库元器件名	图形符号	封装名称	PCB 封装	仿真属性
Inductor Iron	L? Inductor Iron	AXIAL-0.9		有
Inductor Iron Adj	L? Inductor Iron Adj	AXIAL-1.0		有
Inductor Iron Dot	L? Inductor Iron Dot	DIODE_SMC		无
Inductor Isolated	L? Inductor Isolated	425		无
JFET-N	Q? JFET-N	TO-254-AA		有
JFET-P	Q? JFET-P	TO-18A		有
Jumper	W? Jumper	RAD-0.2		无
Lamp	DS? Lamp	PIN2		无
Lamp　Neon	DS? Lamp Neon	PIN2		无
LED0	DS? LED0	LED-0		有
LED1	DS? LED1	LED-1		有
LED2	D? LED2	3.2x1.6x.1.1		有
LED3	DS? LED3	3.5x2.8x.1.9		有

续表

库元器件名	图形符号	封装名称	PCB 封装	仿真属性
MESFET-N		TO-18		有
Meter		RAD-0.1		无
Motor		RB5-10.5		无
Motor Servo		RAD-0.4		无
Motor Step		DIP-6		无
NPN		TO-226-AA		有
NPN1		TO-92		有
Opto TRIAC		NPSIP4A		无
Optoisolator1		DIP-4		无
Optoisolator2		SOP5(6)		有
PUT		TO-52		有
Relay		MODULE5B		有
Relay-DPDT		DIP-P8		有

续表

库元器件名	图形符号	封装名称	PCB 封装	仿真属性
Relay-SPST		MODULE4		有
Res Adj1		AXIAL-0.7		有
Res Adj2		AXIAL-0.6		有
Res Bridge		P04A		有
Res Pack1		SOIC16_N		有
Res Pack2		DIP-16		有
Res Pack2		SO-16_N		有
Res Tap		VR3		有
Res1		AXIAL-0.3		有
Res2		AXIAL-0.4		有
RPot		VR5		有
RPot SM		POT4MM-2		无

续表

库元器件名	图形符号	封装名称	PCB 封装	仿真属性
SCR	Q? SCR	TO-220-AB		有
Speaker	LS? Speaker	PIN2		无
SW DIP-2	S? SW DIP-2	DIP-4		有
SW DPDT	S? SW DPDT	SOT23-6_N		无
SW-6WAY	S? SW-6WAY	SW-7		无
SW-PB	S? SW-PB	SPST-2		无
Trans	T? Trans	TRANS		有
Trans Adj	T? Trans Adj	TRF_4		有
Triac	Q? Triac	369-03		有
Volt Reg	VR? Vin Vout GND Volt Reg	D2PAK		无
XTAL	Y? XTAL	R38		有

附录 B　常用集成电路封装简汇

摩尔定律是由英特尔（Intel）公司创始人之一戈登·摩尔（Gordon Moore）提出来的，其内容为当价格不变时，集成电路上可容纳的晶体管数目约每隔 18 个月会增加一倍，性能也将提升一倍。换言之，每一美元所能买到的计算机性能将每隔 18 个月翻两倍以上。这一定律揭示了信息技术进步的速度。

世界半导体产业的发展一直遵循这条定律，以美国 Intel 公司为例，自 1971 年设计制造出 4 位微处理器芯片以来，在 40 多年时间内，中央处理器（CPU）从 4004、8086、80286 发展到目前的酷睿 7 核，数位从 4 位发展到 64 位；主频从几兆赫发展到 500GHz 以上；现在的微处理器芯片已经能够在 $1.2cm^2$ 的面积内集成几亿个晶体管。

因此，封装对 CPU 和其他大规模集成电路起着重要的作用。新一代 CPU 的出现常常伴随着新的封装的使用。芯片的封装技术不断变迁，从 DIP、QFP、PGA 封装至 BGA 封装、CSP，技术指标一代比一代先进，包括芯片面积与封装面积之比越来越接近 1∶1，同时执行频率越来越高，耐温性能越来越好，引脚数倍增，引脚间距倍减，质量越来越小，稳定性、可靠性越来越高，安装更加方便。

（一）集成电路封装简汇

1. DIP

20 世纪 70 年代流行的双列直插封装，简称 DIP（Dual-line Package）。DIP 结构形式有多种，如多层陶瓷式 DIP，单层陶瓷式 DIP，引线框架式 DIP（包括玻璃陶瓷封装式、塑料包封结构式、陶瓷低熔玻璃封装式）等。如今，DIP 在简单的电路设计中有着广泛应用。图 B-1 所示为 DIP 14 引脚 PCB 图及常见的 74LS×× 系列芯片。

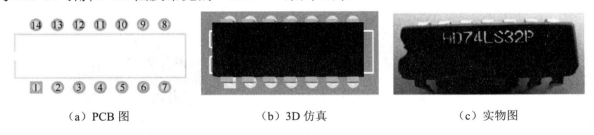

|（a）PCB 图 |（b）3D 仿真 |（c）实物图 |

图 B-1　DIP 14 引脚 PCB 图及常见的 74LS×× 系列芯片

2. COB 封装

COB（Chip On Board）封装是裸芯片贴装技术之一，俗称"软封装"，其结构为芯片被直接黏结在 PCB 上，引脚被焊在铜箔上并用黑塑胶包封，形成"绑定"板。该封装成本最低，主要用于民用品。图 B-2 所示为 COB 封装库元器件与实物图。

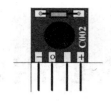 

（a）COB 封装库元器件　　（b）封装实物图

图 B-2　COB 封装库元器件与实物图

3．PLCC 封装——带引线的塑料芯片载体封装

20 世纪 80 年代芯片载体封装出现，包括陶瓷无引线芯片载体（Leadless Ceramic Chip Carrier，LCCC）封装、PLCC（Plastic Leaded Chip Carder）封装、小尺寸封装（Small Outline Package，SOP），其结构为引脚从封装的四个侧面引出，呈 J 形。引脚中心距离为 1.27mm，引脚数为 18～84。J 形引脚不易变形，但焊接后的外观检查较困难。图 B-3 所示为 28 引脚 PLCC 封装。

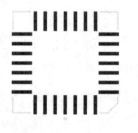 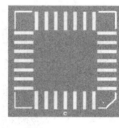 

（a）建立的封装库元器件　　（b）3D 仿真效果　　（c）实物图

图 B-3　28 引脚 PLCC 封装

4．PGA 封装——陈列引脚封装

通常 PGA（Pin Grid Array）封装为插装型封装，引脚长度约为 3.4mm。SMD PGA 封装的底面有陈列状引脚，引脚长度为 1.5～2.0mm。贴装采用的是与印刷基板碰焊的方法，因而也称为碰焊 PGA 封装。因为 SMD PGA 封装引脚中心距离只有 1.27mm，是插装型 PGA 封装引脚中心距离的一半，所以封装本体可制作得较小，而引脚数比插装型 PGA 封装多（250～528），是大规模集成电路常用的封装。图 B-4 所示为 179 引脚 PGA 封装。

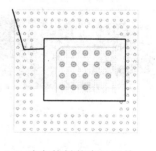  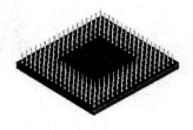

（a）建立的封装库元器件　　（b）3D 仿真效果　　（c）实物图

图 B-4　179 引脚 PGA 封装

5．QFP——四侧引脚扁平封装

QFP（Quad Flat Package）的引脚从 4 个侧面引出呈海鸥翼（L）形，基材有陶瓷、金属、塑料。LQFP（Low Profile Quad Flat Package，薄型 QFP）指封装本体厚度为 1.4mm 的 QFP，是日本电子机械工业会根据新制定的 QFP 外形规格命名的。图 B-5 所示为 56 引脚 LQFP。

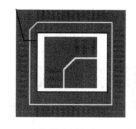 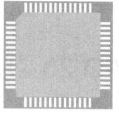 

（a）建立的封装库元器件　　（b）3D 仿真效果　　（c）实物图

图 B-5　56 引脚 LQFP

6．BGA——球形触点陈列

BGA（Ball Grid Array）封装是 SMP 型封装之一，其结构是在印刷基板的背面按陈列方式制作球形凸点用来代替引脚，在印刷基板的正面装配大规模集成电路，用模压树脂法或灌封法进行密封，也称为凸点陈列载体（PAC）封装。该封装是美国 Motorola 公司开发的，最先在便携式电话等设备中应用，目前在个人计算机等电子产品中得到广泛应用。图 B-6 所示为 196 引脚 BGA 封装。由图 B-6 可见，BGA 封装本体可做得比 QFP 本体小。

（a）建立的封装库元器件　　（b）3D 仿真效果　　（c）实物图

图 B-6　196 引脚 BGA 封装

（二）常见元器件封装简汇

封装主要分为直插封装和 SMD 封装。

从结构方面，封装从最早期的电阻封装、二极管封装、晶体管封装（如 TO-89、TO92）发展到了 DIP 封装，之后由 PHILIP 公司开发了 SOP，如今派生出 SOJ（J 形引脚小尺寸封装）、TSOP（薄小尺寸封装）、VSOP（甚小尺寸封装）、SSOP（缩小型 SOP）、TSSOP（薄的缩小型 SOP）、SOT（小外形晶体管）、SOIC（小外形集成电路）等。各种小元器件封装如图 B-7 所示。

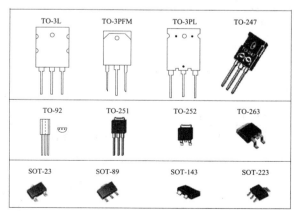

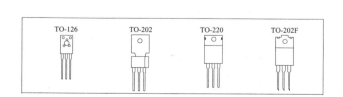

图 B-7　各种小元器件封装

从材料介质方面，封装包括金属封装、陶瓷封装、塑料封装等。目前在很多具有高强度工作条件需求的电路中，如军工和宇航级别，仍存在大量金属封装。

附录 C　AD 23 常用快捷键

表 C-1　通用于原理图（原理图库）编辑器和 PCB（封装库）编辑器的标准快捷键

快捷键	描述
"Ctrl+C" 快捷键	复制所选内容
"Ctrl+X" 快捷键	剪切所选内容
"Ctrl+V" 快捷键	粘贴所选内容
"Ctrl+R" 快捷键	复制所选对象重复粘贴到工作区中需要的位置（橡皮图章）
"Del" 键	删除所选内容
"Ctrl+Z" 快捷键	撤销上步操作

表 C-2　原理图编辑器和原理图库编辑器快捷键

快捷键	描述
"Shift+Ctrl+V" 快捷键	访问"智能粘贴"对话框
"Ctrl+F" 快捷键	查找文本
"Ctrl+H" 快捷键	查找和替换文本
"F3" 键	查找搜索文本的下一个匹配项
"Ctrl+A" 快捷键	全选
"Ctrl+R" 快捷键	复制所选对象并重复粘贴到工作区中需要的位置（橡皮图章）
"Space" 键	逆时针旋转所选内容 90°
移位键+ "Space" 键	顺时针旋转所选内容 90°
"Shift+Ctrl+L" 快捷键	按左边缘对齐所选对象
"Shift+Ctrl+R" 快捷键	按右边缘对齐所选对象
"Shift+Ctrl+H" 快捷键	使所选对象的水平间距相等
"Shift+Ctrl+T" 快捷键	按上边缘对齐所选对象
"Shift+Ctrl+B" 快捷键	按底部边缘对齐所选对象
"Shift+Ctrl+D" 快捷键	将所选对象移动到当前捕捉栅格上最近的点
"Ctrl+Home" 快捷键	将鼠标指针移动到当前文件的绝对原点坐标(0,0)处
"Ctrl+PgDn" 快捷键	显示当前文件上的所有设计对象
"G" 键	在预定义的捕捉栅格设置中向前循环
"Shift+Ctrl+G" 快捷键	打开或关闭当前文件中的可见栅格
"Ctrl+Shift" 快捷键	暂时禁用栅格
"Ctrl+M" 快捷键	测量活动原理图文件上两点之间的距离
"F12" 键	相应地切换显示电路原理图"过滤器"面板或原理图库"过滤器"面板
"F2" 键	就地编辑选定的文本对象（直接编辑）
"F5" 键	直观地打开或关闭网络颜色覆盖功能
"F11" 键	相应地切换"属性"面板的显示

表 C-3　PCB 编辑器和封装库编辑器的快捷键

快捷键	描述
"1" 键	将 PCB 设计空间的显示切换到 PCB 规划模式
"2" 键	将 PCB 设计空间的显示切换到 2D 布局模式
"3" 键	将 PCB 设计空间的显示切换到 3D 布局模式
"Ctrl+Alt+2" 快捷键	将 PCB 设计空间的显示切换到 2D 布局模式，并在切换时看到 PCB 的相同位置和方向
"Ctrl+Alt+3" 快捷键	将 PCB 设计空间的显示切换到 3D 布局模式，并在切换时看到 PCB 的相同位置和方向
"Shift+S" 快捷键	循环切换可用的单图层查看模式
"Ctrl+F" 快捷键	翻转活动板或有源组件
"Ctrl+PgDn" 快捷键	显示当前文件上的所有设计对象
"PgUp" 键	相对于当前鼠标指针位置放大
"PgDn" 键	相对于当前鼠标指针位置缩小
"Shift+PgUp" 快捷键	相对于当前鼠标指针位置以逐渐变小的步长放大
"Shift+PgDn" 快捷键	相对于当前鼠标指针位置以逐渐增大的步长缩小
"Ctrl+PgUp" 快捷键	将当前文件的放大倍率设置为 400
"Home" 键	在主设计窗口中重绘视图，在启动命令之前，将鼠标指针标记的位置放在窗口的中心处
"End" 键	刷新屏幕，实际上是对当前文件执行重绘命令，以删除任何不需要的绘图更新效果
"Alt+End" 快捷键	重绘当前文件的当前图层，以删除任何不需要的绘图更新效果
"Alt+F5" 快捷键	在最大化和未最大化之间切换显示当前文件编辑器
"F5" 键	直观地打开或关闭网络颜色覆盖功能
"Shift+Z" 快捷键	切换当前 PCB 文件中 3D 模型的可见性
"Ctrl+D" 快捷键	访问 "视图配置" 面板的 "视图选项" 选项卡，可以在其中配置用于显示设计空间中每个设计项目的模式

参 考 文 献

[1]　全国计算机信息高新技术考试教材编写委员会．Protel 2002 职业技能培训教程（绘图员级）[M]．北京：希望电子出版社，2007．

[2]　国家职业技能鉴定专家委员会计算机专业委员会．Protel 2002 试题汇编[M]．北京：希望电子出版社，2007．

[3]　刘瑞新，等．Protel DXP 实用教程 [M]．北京：机械工业出版社，2003．

[4]　李启炎．Protel 99SE 应用教程　印刷电路板设计 [M]．上海：同济大学出版社，2005．

[5]　李永平，董欣．PSpice 电路设计实用教程 [M]．北京：国防工业出版社，2004．

[6]　陈其纯．电子线路（第 2 版）[M]．北京：高等教育出版社，2006．

[7]　孙立津，张兆河．电子线路 CAD 设计与仿真 [M]．北京：电子工业出版社，2011．

[8]　张金华．电子技术基础与技能 [M]．北京：高等教育出版社，2010．

[9]　张兆河，孙立津．单片机一体化应用技术基础 [M]．北京：电子工业出版社，2014．

[10]　张兆河，孙立津．电子 CAD [M]．北京：电子工业出版社，2016．

反侵权盗版声明

电子工业出版社依法对本作品享有专有出版权。任何未经权利人书面许可，复制、销售或通过信息网络传播本作品的行为；歪曲、篡改、剽窃本作品的行为，均违反《中华人民共和国著作权法》，其行为人应承担相应的民事责任和行政责任，构成犯罪的，将被依法追究刑事责任。

为了维护市场秩序，保护权利人的合法权益，我社将依法查处和打击侵权盗版的单位和个人。欢迎社会各界人士积极举报侵权盗版行为，本社将奖励举报有功人员，并保证举报人的信息不被泄露。

举报电话：（010）88254396；（010）88258888

传　　真：（010）88254397

E-mail：　dbqq@phei.com.cn

通信地址：北京市万寿路 173 信箱
　　　　　电子工业出版社总编办公室

邮　　编：100036